Tribologia, Lubrificação e Mancais de Deslizamento

Durval Duarte Júnior

Tribologia, Lubrificação e Mancais de Deslizamento

Editor: Paulo André P. Marques
Supervisão Editorial: Carlos Augusto L. Almeida
Capa: Marcia Lips
Diagramação e Digitalização de Imagens: Érika Loroza
Revisão: Daniela Marrocos
Assistente Editorial: Daniele M. Oliveira

FICHA CATALOGRÁFICA

Duarte Jr., Durval
Tribologia, Lubrificação e Mancais de Deslizamento
Rio de Janeiro: Editora Ciência Moderna Ltda., 2005.

Engenharia mecânica; peças de máquinas; atrito; lubrificação de máquinas
I — Título

ISBN: 85-7393-328-3

CDD 621
621.8
621.89

Editora Ciência Moderna Ltda.
Rua Alice Figueiredo, 46
CEP: 20950-150, Riachuelo – Rio de Janeiro – Brasil
Tel: (21) 2201-6662/2201-6492/2201-6511/2201-6998
Fax: (21) 2201-6896/2281-5778
E-mail: lcm@lcm.com.br

PREFÁCIO

Este livro teve sua origem numa apostila escrita para complementar o material didático de um curso de pós-graduação entitulado "Mancais de Deslizamento" ministrado pelo autor (Prof. Colaborador) no Departamento de Engenharia Mecânica da Escola Politécnica da USP, no segundo semestre de 1988. Desde então foram introduzidas várias modificações para tornar este material mais completo e acessível.

A filosofia adotada na exposição do material aqui foi a de fornecer ao leitor um embasamento teórico o mais completo possível na área de mancais hidrodinâmicos. Seguindo esta idéia, foram apresentados diversos temas, que irão fornecer ao leitor praticamente todo o conhecimento teórico necessário para um completo e adequado entendimento dos mecanismos físicos que regem o comportamento de mancais hidrodinâmicos sob condições reais de operação. Estes são os mecanismos que, em última análise, são responsáveis pelas falhas prematuras que ocorrem em mancais hidrodinâmicos. Para o leitor que deseja se aprofundar mais nesta área, o material aqui contido pode servir também para a modelagem matemática e posterior desenvolvimento de programas computacionais que simulam o comportamento de mancais hidrodinâmicos sob condições reais de operação. Isso pode ser de grande utilidade prática para o projeto de mancais com características operacionais sensivelmente melhores, com um menor número de protótipos e experimentos, numa menor escala de tempo e a um custo mais baixo.

No Apêndice A é apresentada a listagem de um programa escrito em FORTRAN (MANCAL_RADIAL) que resolve a equação de Reynolds em coordenadas Cartesianas. Neste programa foram implementadas todas as técnicas de solução numérica da equação de Reynolds neste sistema de coordenadas assim como o cálculo de vários parâmetros operacionais de mancais hidrodinâmicos radiais expostos em capítulos anteriores. O mesmo pode ser usado para a simulação do comportamento de mancais radiais sob condições reais de operação. No final deste livro (contra capa) é apresentado um disquete com três programas de computador escritos em FORTRAN: VISCOSIDADE, MANCAL_RADIAL e MANCAL_AXIAL. O primeiro destes pode ser usado para cálculo de viscosidade de alguns tipos de óleo em função da temperatura. Os outros dois podem ser usados para cálculo de parâmetros operacionais de mancais hidrodinâmicos radiais e axiais, respectivamente, com carregamento estático, sob condições reais de operação. Estes programas podem auxiliar o leitor no projeto e otimização de mancais hidrodinâmicos.

Um cuidado especial foi tomado no sentido de apresentar a teoria aqui exposta da maneira mais simples e intuitiva possível, sem o uso desnecessário de uma simbologia matemática mais avançada. Isto foi feito com a intenção de tornar o conteúdo deste livro acessível a um maior número de leitores. Espera-se que todo o material aqui exposto possa ser assimilado com facilidade por qualquer aluno de Engenharia Mecânica a partir do 7° ou 8° semestre, ou alunos deste mesmo nível de qualquer outro curso de ciências exatas, desde que tenham alguma noção de mecânica dos fluidos. Certamente um aluno de pós-graduação em ciências exatas com este pré-requisito não deverá encontrar nenhuma dificuldade em entender o material aqui exposto.

Como acontece na grande maioria dos livros que auxiliam os leitores, a matéria contida neste livro é fruto de muitos anos de dedicação, estudo, pesquisa e aplicação tanto em ambiente acadêmico como industrial. No meu retorno ao Brasil em 1980, após quinze anos trabalhando e aprendendo no exterior, voltava eu com um bom conhecimento teórico e experiência prática na área de modelagem matemática e simulação (MMS). Nos últimos cinco anos de minha estadia fora do Brasil, além de meus estudos de pós-graduação em engenharia nuclear já atuava como consultor na área de modelagem matemática e simulação (MMS) de termohidráulica de reatores nucleares para a Atomic Energy Comission e outras instituições no Canadá e EUA. Através dessa experiência inédita, adquiri bastante familiaridade com a matemática aplicada, métodos numéricos, ciências térmicas em geral e, em particular, na aplicação desse conhecimento através da modelagem matemática e simulação (MMS). Este tema (MMS) era, na época, praticamente desconhecido pela grande maioria dos engenheiros aqui no Brasil, e, no começo, encontrei muita dificuldade na aplicação desta área da ciência aqui no Brasil. Neste mesmo ano comecei a trabalhar no setor industrial e aí então as barreiras foram maiores. Demorou para que as pessoas entendessem o que MMS era e qual era seu potencial. Não foi fácil conseguir implantar, num contexto industrial, o que na época, parecia ser, um conhecimento extremamente abstrato e aparentemente inútil.

O cenário só começou a mudar quando resultados inéditos e surpreendentes começaram aparecer. Resultados que, além de inovadores, propiciavam economia e velocidade de resposta inédita aos projetos industriais nos quais trabalhávamos. Isto chamou a atenção dos dirigentes das indústrias em que trabalhávamos e a partir de então os mesmos foram nossos maiores aliados. Apesar de não terem familiaridade com o assunto, eles começaram a carregar a bandeira em prol da aplicação de MMS nas indústrias brasileiras. As mesmas pessoas que no princípio nos olhavam com desconfiança de repente começaram a decorar o jargão de MMS e os usavam em discursos em prol da mesma em congressos e seminários de engenharia pelo Brasil afora. A partir de então MMS tornou-se quase uma palavra mágica, um sinônimo de engenharia avançada, "tecnologia de ponta" como costumavam dizer, e algo absolutamente imprescindível para o desenvolvimento da tecnologia no Brasil.

No começo dessa difícil jornada conheci, em 1980, Walter Zottin, um jovem de apenas 20 anos que na época começava a esboçar seu interesse pela matemática. O mesmo começou a trabalhar como meu assistente nas pesquisas que então fazia numa indústria em São Paulo. Devido a sua seriedade, dedicação e esforço, ele tornou-se um elemento chave nesta difícil e árdua tarefa de desbravar este, então, árido e desconhecido território; e junto trabalhamos durante quase quinze anos. Implementamos MMS com sucesso em várias indústrias em São Paulo e nossos trabalhos tiveram boa repercussão internacional (particularmente nos Eua, Inglaterra, Áustria e Japão). Foram anos de muita luta e trabalho árduo, onde a amizade e o respeito estiveram sempre aliados à dedicação e seriedade com que encarávamos nosso trabalho. Hoje Walter trabalha como pesquisador executivo de uma multinacional no grupo de simulação numérica desta empresa aqui no Brasil. Muita matéria aqui apresentada foi desenvolvida com a sua participação.

Várias outras pessoas contribuíram, direta ou indiretamente, para a elaboração deste livro. Eu gostaria de fazer um agradecimento especial ao Prof. Dr. Carlos C. C. Tu (POLI-USP), meu ex-Professor e orientador de tese de Doutorado, que através de seu amor à ciência e profundo espírito religioso mostrou-se e tem-se mostrado um grande professor e um amigo insubstituível. Foi a partir dele que muitas das idéias aqui expostas (mancais hidrodinâmicos) se originaram. Ao Prof. Dr. Carlos Antonio de Moura (IME–UERJ), colega e amigo de longa data, que sempre me surpreende com seu vasto conhecimento de matemática aplicada. Com ele muito aprendi e continuo a aprender. Ao Prof. Dr.

João Fernando Gomes de Oliveira (EESC-USP), um colega e amigo que tive o privilégio de conhecer em São Carlos. Aos meus inúmeros alunos de pós-graduação do departamento de Engenharia Mecânica (EESC-USP) nos vários cursos que lá ministrei e ministro desde 1995 pelo carinho e respeito; com eles aprendi muito. Em particular gostaria de citar Giovanni de Moraes Teixeira que, além de ter se destacado como um dos meus alunos mais brilhantes, muito amavelmente se prontificou para a elaboração das figuras contidas nesse livro.

O autor faz um agradecimento especial ao Prof. Dr. Rubens G. Lintz, Professor Emérito do Instituto de Ciências Matemáticas da McMaster University (Canadá). Foi através do longo convívio com esse grande cientista que aprendi a ver as ciências exatas como algo de valor inestimável e infinita beleza.

O autor

Jaú, dezembro de 2004.

Sumário

Capítulo 1 – Tribologia e Lubrificação

Mancal de deslizamento é um elemento de máquina usado para separar peças rígidas, em movimento relativo, com a finalidade de diminuir o atrito entre elas. Para entender os fenômenos físicos que acontecem num mancal de deslizamento sob condições reais de operação é necessário ter um conhecimento básico da topografia das superfícies envolvidas, assim como dos mecanismos de desgaste das mesmas ou um conhecimento básico de tribologia. Nome de origem grega "tribos" ou "tribein" significa atritar e "logia" significa estudo. É adotado como o estudo ou ciência e tecnologia de superfícies atuantes em movimento relativo, e todos os fenômenos daí decorrente. Além disso, é necessário também o conhecimento da mecânica dos fluidos, para que se possa prever o comportamento do fluido lubrificante inserido entre as superfícies de deslizamento.

1.1 – Breve histórico

A descoberta e a formulação dos mecanismos da lubrificação hidrodinâmica é atribuída a três cientistas [30]: Um Russo, Nicolai Petrov (1836-1920) e dois Britânicos, Beauchamp Tower (1845-1904) e Osborn Reynolds (1842-1912). Eles perceberam que o mecanismo do processo de lubrificação não era devido à interação mecânica de superfícies sólidas, mas sim devido ao filme de fluido que as separava. Este é o aspecto fundamental da lubrificação hidrodinâmica, e seus fundamentos teóricos e experimentais foram firmemente estabelecidos num curto período de tempo de três anos, entre 1883-1886.

A cristalização do conceito de lubrificação hidrodâmica começou por Nicolai Petrov, que trabalhava na área de atrito. Ele postulou dois pontos importantes: primeiro, que a propriedade importante do fluido com relação ao atrito não era a densidade, mas sim a viscosidade; e segundo que a natureza do atrito num mancal hidrodinâmico não é o resultado da interação entre duas superfícies sólidas, mas do atrito viscoso do fluido entre as superfícies. Em outras palavras, ele propôs a natureza do atrito em mancais hidrodinâmicos. Em seu artigo de 1883, Petrov propôs uma relação funcional entre força de atrito e parâmetros de um mancal:

$$F_\tau = \frac{\mu UA}{h} \qquad (1.1)$$

que é válida até os dias de hoje. Porém, Petrov não deu continuidade à sua importante descoberta. A relação entre a força de atrito e a capacidade de carga num mancal foi descoberta por Beauchamp Tower, um engenheiro, inventor e assistente de pesquisa de cientistas famosos da época, tal como Fraud e Lord Raleigh. Tower organizou um comitê de pesquisas sobre atrito de alta velocidade em mancais de estradas de ferro. Esta famosa serie de experimentos conduziu à descoberta da presença da pressão hidrodinâmica em filmes de fluidos em mancais, em 1883 e 1884.

A geometria e condições operacionais do primeiro mancal testado por Tower é mostrado na figura 1.1.

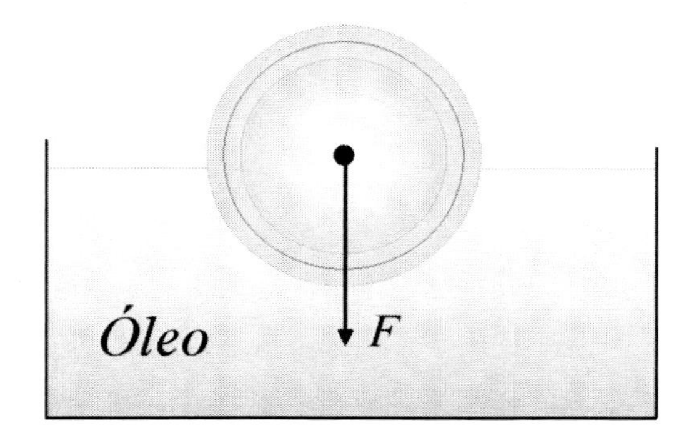

Figura 1.1 - Primeiro mancal testado por Tower

Tower percebeu que a presença do fluido lubrificante entre as superfícies de deslizamento era de extrema importância para a capacidade de carga de um mancal. Ele decidiu então melhorar as condições de lubrificação, através de um furo de ½ polegada na superfície do mancal, onde o óleo era inserido para dentro do mancal, como mostrado na figura 1.2.

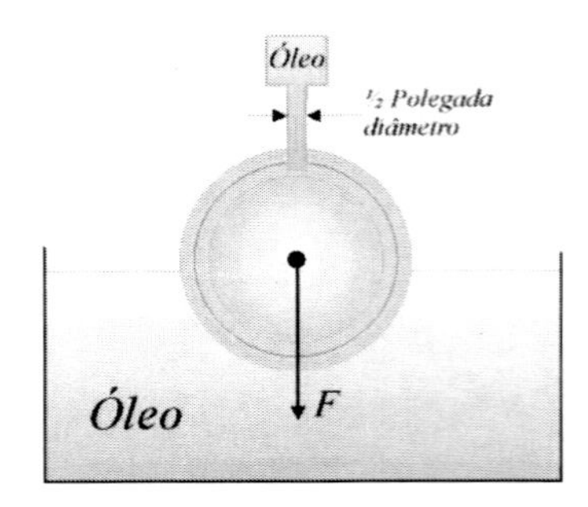

Figura 1.2 – "Melhoramento" nas condições de lubrificação

Porém, o que aconteceu foi que ao invés de melhorar sua lubrificação o óleo era esguichado pelo furo do mancal. Tower percebeu, então, que o óleo estava sendo bombeado para fora do mancal. Primeiro ele tampou o furo com uma rolha e, posteriormente, inseriu à força (com um martelo) um pedaço de madeira no furo. Ambos, a rolha e o pedaço de madeira, foram ejetados violentamente para fora do furo, como um projétil, conforme esquematizado na figura 1.4.

Figura 1.3 – "Melhoramento" nas condições de lubrificação

Devido a este resultado experimental, Tower chegou à mais importante conclusão sobre lubrificação hidrodinâmica:

"A capacidade de carga de um mancal de deslizamento é produto não apenas da presença do óleo entre as superfícies de deslizamento mas principalmente devido às altíssimas pressões que são geradas no filme de óleo".

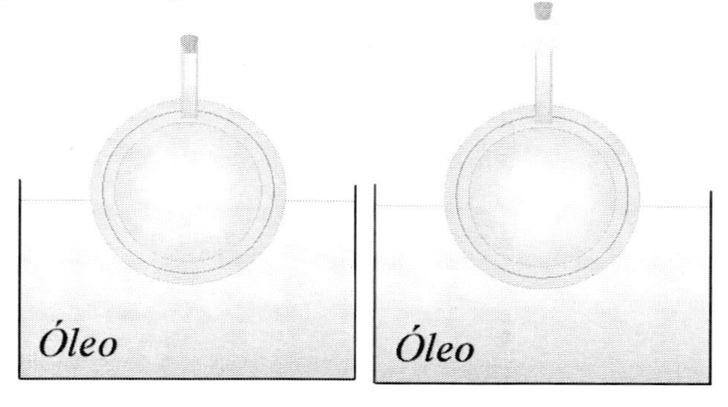

Figura 1.4 – Rolha sendo ejetada violentamente para fora do furo de óleo

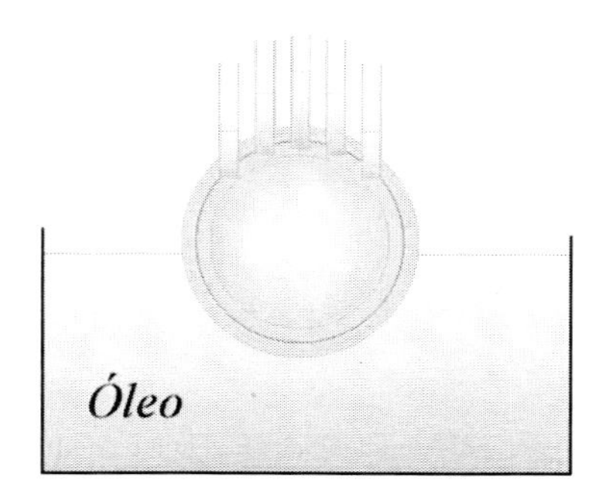

Figura 1.5 – Medição do campo de pressão

Após esta descoberta, Tower prosseguiu com seus experimentos, conseguindo inclusive medir o campo de pressão gerado no filme de óleo, conforme ilustrado na figura 1.5.

1.2 – Mecanismos de desgaste

O desgaste em mancais de deslizamento pode ser observado e classificado de duas maneiras:

- **Nível microscópico**: são os micromecanismos que para serem identificados precisam de microscopia eletrônica de varredura; desta forma, a análise de desgaste torna-se custosa e demorada.

- **Nível macroscópico**: na prática, o desgaste de componentes se dá pela combinação de diferentes micromecanismos. Por exemplo, se partículas oriundas do micromecanismo de **delaminação** (resultado de fadiga de contato, por exemplo) riscarem a superfície do mancal, ocorre o desgaste abrasivo; no entanto, partículas soltas (sujeira) riscando o mancal gera um micromecanismo que recebe o nome de **microcorte**. A diferenciação de um micromecanismo do outro não é possível com a análise visual.

A classificação de desgaste no nível macroscópico deve levar em conta o caráter prático dos testes de vida e de desgaste. A partir de alterações na forma, nos materiais ou lubrificantes, espera-se com o teste avaliar a extensão ou grau de severidade nos componentes de um mancal, sem a necessidade de aprofundamento no nível de micromecanismos. Nestas análises, que normalmente são feitas a olho nu, ou com um aumento de no máximo cinco vezes (lupa) pode-se diferenciar apenas três tipos de desgaste:

A - Adesão

Ocorre em função do rompimento do filme de óleo. Como conseqüência ocorre uma alteração na rugosidade das superfícies em contato, gerando caldeamentos localizados que se rompem em seguida, devido ao próprio movimento dos componentes envolvidos. Do rompimento geram-se partículas que são fortemente deformadas plasticamente, aumentam a dureza, e passam a riscar o mancal. A superfície desgastada por adesão apresenta aspecto rugoso com pouco brilho. Nos casos leves, ou seja, com pouca adesão as marcas são descontínuas e espaçadas, e nos intensos, as marcas são contínuas, ocupando áreas extensas.

B - Riscamento

Riscamento é uma forma de desgaste abrasivo a três corpos, o mancal mais uma partícula, e é provocado por rebarba de usinagem fixa a um dos componentes do mancal, ou ainda, por partículas livres como: limalha, sujeiras, etc. As marcas deixadas no mancal são contínuas, retas e espaçadas regularmente entre si. De todos os tipos de desgaste, este é o de mais fácil visualização.

C - Polimento

Polimento é o resultado da eliminação das asperezas da superfície do mancal, e o resultado é um brilho na superfície. Ele se apresenta principalmente em superfícies onde existe pouca tendência à adesão, como, por exemplo, componentes fosfatizados. Nestes casos, o polimento é mais intenso quanto menor for a camada de fosfato remanescente. Quando a camada fosfatizada estiver completamente removida, a superfície localizada do mancal fica susceptível a desgaste por adesão.

1.3 - Medidas de rugosidade

Processos de manufatura podem deixar na superfície das peças produzidas, relevos característicos de picos e vales, conhecidos como textura. A textura produzida pelo processo de remoção de material geralmente possui componentes de rugosidade e ondulação. Os mesmos são, às vezes, superpostos aos desvios da forma geométrica pretendida, tais como, por exemplo, **planicidade, circularidade, cilindricidade**, etc.

Considerações funcionais geralmente envolvem não só os fatores topográficos da superfície, cada um com sua própria característica, mas também fatores tais como propriedades físicas, especialmente das camadas exteriores do material, as condições operacionais e freqüentemente as características de uma segunda superfície com a qual haverá o contato.

Mesmo que não haja diferença entre as propriedades físicas das camadas exteriores e as do material abaixo das mesmas, mudanças significativas podem ocorrer devido às altas temperaturas e tensões geralmente associadas aos processos abrasivos e processos de corte.

Devido a todos estes fatores, especificações superficiais otimizadas podem se tornar uma matéria altamente complexa, que geralmente requer cuidadosos experimentos e pesquisa, e podem, às vezes envolver também detalhes do processo de manufatura.

Para que um mancal possa separar e diminuir substancialmente o atrito entre peças rígidas com movimento relativo, é necessário que haja um filme de um fluido lubrificante, cuja espessura seja maior que um determinado valor. Se a espessura de filme obedecer a certos critérios de grandeza, relativos à rugosidade das superfícies, tem-se então o que é chamado de lubrificação hidrodinâmica. Para que isto aconteça, é necessário conhecer a topografia das superfícies, para poder determinar o modo de lubrificação do mancal em questão. Resumindo: é necessário conhecer a topografia das superfícies e seus mecanismos de desgaste que podem causar falha prematura (tribologia) e o modo de lubrificação presente no mancal, assim como sua interação com as superfícies em questão, para que se possa prever a redução do atrito devido à presença de um mancal de deslizamento.

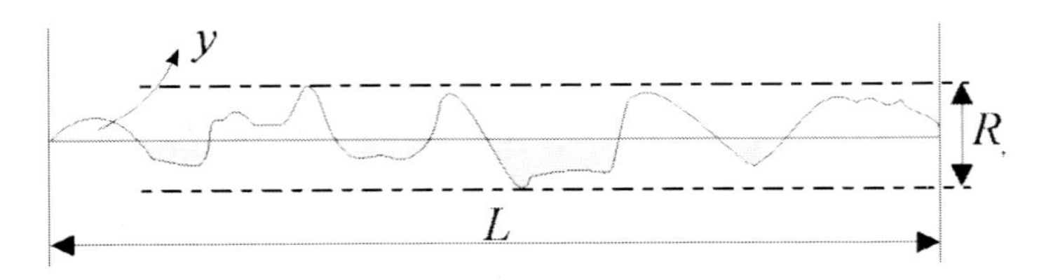

Figura 1.6 - Relevo de uma superfície

Os picos e vales anteriormente mencionados, apesar de serem muito pequenos em tamanho, podem ser visualizados da mesma maneira que os da superfície da terra. Eles tem altura, formato e espaço entre picos adjacentes. Com exceção das texturas uniformes às vezes produzidas por alguns processos de corte, as texturas superficiais geralmente variam aleatoriamente em altura e espaçamento. O problema da descrição de diferentes tipos de textura é típico da área da estatística, desde as formas mais simples de cálculo de média até as formas mais complexas, que fazem uso das técnicas de funções de correlação.

O parâmetro de medida de mais fácil obtenção e o mais comumente usado é o **tamanho médio dos picos e vales,** medidos com relação à linha média do perfil**.** O mesmo é conhecido nos EUA como o valor **AA** **(A**rithmetical **A**verage**)**. Na Grã Bretanha, o mesmo era conhecido antigamente como o valor **cla** (**c**enter **l**ine **a**verage), mas hoje em dia é conhecido como o valor $\mathbf{R_a}$, para ficar consistente com a terminologia **ISO**.

$$R_a = cla = \frac{1}{N}\sum_{k=1}^{N} \left| y_k \right| \qquad (1.2)$$

ou

$$R_a = cla = \frac{1}{L}\int_{y=0}^{L} \left| y \right| dy \qquad (1.3)$$

O valor **rms** (desvio médio quadrático ou "**r**oot **m**ean **s**quare" em inglês) tem sido usado como uma aproximação da medida da **rugosidade**, obtido através da multiplicação do valor **AA** por 1.2, que é o valor de conversão para **ondas senoidais**.

$$rms = \frac{1}{N}\sqrt{\sum_{k=1}^{N} y_k^2} \qquad (1.4)$$

ou

$$rms = \frac{1}{L}\sqrt{\int_{0}^{L} y^2 dy} \qquad (1.5)$$

A **altura entre o pico mais alto e o vale mais profundo** numa determinada região do perfil superficial, conhecido como $\mathbf{R_t}$, é bastante usado, particularmente na Europa, mas o mesmo não é totalmente satisfatório porque estes valores extremos variam bastante em função da região escolhida.

Uma média global de altura é geralmente mais representativa do que $\mathbf{R_t}$. A "**altura $\mathbf{R_t}$ de dez pontos**" é obtida pelo cálculo da média dos cinco picos mais altos e dos cinco vales mais profundos da superfície em questão. Existe também uma variação desta medida, desenvolvida na Alemanha, conhecida como $\mathbf{R_{tm}}$, que é obtida através da **média dos valores $\mathbf{R_t}$ para 5 (cinco) amostras consecutivas**, do mesmo comprimento. Apesar dessas medidas serem obtidas de maneiras diferentes, é possível conseguir uma equivalência aproximada entre elas, conforme mostrado na tabela 1.1. Todos estes valores são normalmente expressos em micro polegadas (μ in).

Superfícies	**$\mathbf{R_a}$**	**Rms**	**10 pt cla**	**"Peak-to-Valley" cla**
Torneada	1.00 a 1.04	1.10 a 1.15	4 a 5	4 a 5
Retificada	1.07 a 1.17	1.18 a 1.30	5 a 7	7 a 14
Esmerilhada	1.17 a 1.35	1.30 a 1.50	---	7 a 14
Estatisticamente Aleatória	1.12	1.25	---	8.0

TABELA 1.1 - Equivalência entre diferentes tipos de medidas de rugosidade

Uma outra medida importante para a caracterização da rugosidade de superfícies é o **espaçamento** entre picos e o **número de picos** por unidade de comprimento da superfície. Geralmente, a medida de picos por unidade de comprimento é feita levando-se em consideração apenas aqueles picos cujos vales adjacentes tenham uma profundidade maior que um certo valor pré-determinado.

A **área nominal** é uma outra medida importante para a caracterização da rugosidade de superfícies. A mesma é calculada através da soma de todos os segmentos de área que estão acima de uma linha imaginária que pode ser calculada pelo valor de uma determinada profundidade abaixo do pico mais alto ou a uma determinada altura de uma linha média nominal, conforme esquematizado na figura 1.7. A área nominal é expressa em porcentagem (%) da superfície total de deslizamento.

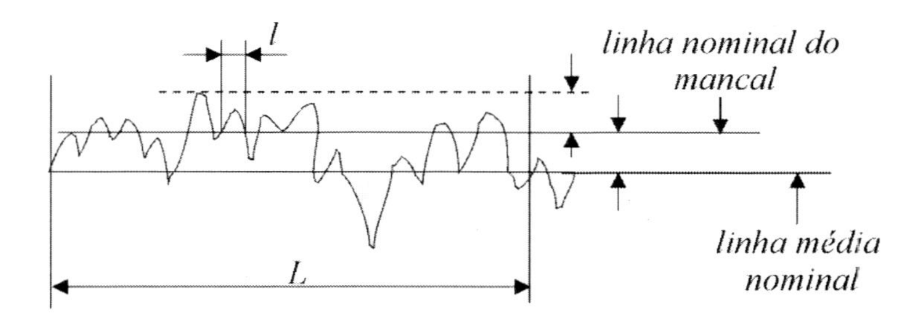

Figura 1.7 - Área nominal de uma superfície

1.4 – Modos de lubrificação

Quando existe um movimento relativo entre duas superfícies próximas entre si, pode existir um atrito. O mecanismo deste atrito assume características distintas em função da rugosidade das superfícies e da distância entre elas. Para caracterizar o tipo de mecanismo que determinará o atrito, é conveniente definir uma variável adimensional que relaciona a distância entre as superfícies com a rugosidade das mesmas, da seguinte maneira [28]:

$$\lambda = \frac{h}{R_a} \qquad (1.6)$$

onde:

$h \equiv$ Distância entre as superfícies de deslizamento (m);
$R_a \equiv$ Rugosidade das superfícies de deslizamento (m).

A variável definida na equação (1.6) será usada posteriormente para definir o modo de lubrificação em que o mancal opera.

1.4.1 - Lubrificação marginal

As características de atrito e desgaste de superfícies lubrificadas e em contato são determinadas pelas propriedades das camadas da superfície, às vezes de proporções moleculares, e das regiões sólidas abaixo das mesmas. A viscosidade do fluido lubrificante tem pouca influência na performance das superfícies em contato com lubrificação marginal, e o comportamento das mesmas seguem mais ou menos as bem conhecidas leis de atrito seco ou atrito Coulômbico. Este modo de lubrificação é encontrado normalmente em dobradiças de porta e muitos elementos de deslizamento em tornos mecânicos e outros equipamentos do gênero.

$$\lambda \leq 1 \qquad (1.7)$$

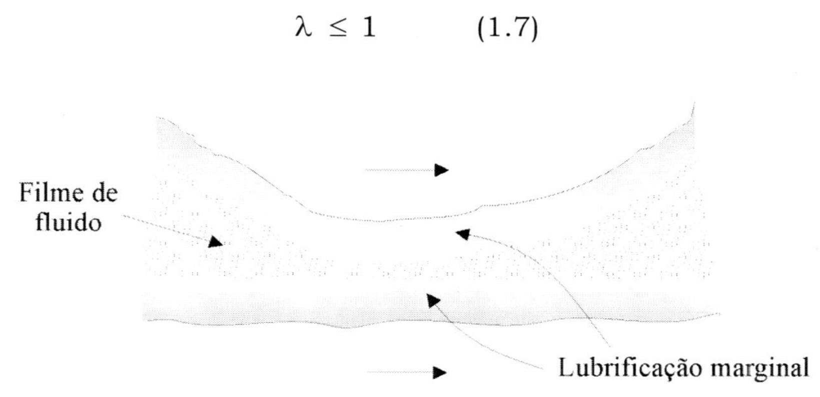

Figura 1.8 - Lubrificação marginal

A espessura da camada protetiva formada por reações físicas e químicas entre o sólido e o fluido lubrificante, aditivos ou atmosfera é geralmente pequena, em comparação com a rugosidade das superfícies. O comprimento das moléculas dos ácidos graxos, os quais são freqüentemente usados como lubrificantes marginais, e a espessura dos filmes de óxidos protetores usados é freqüentemente da ordem de 2 nm (10^{-7} in). Dessa maneira, tem-se que, para lubrificação marginal, o parâmetro λ anteriormente definido obedece à expressão (1.7).

1.4.2 - Lubrificação mista

É comum classificar os modos de lubrificação como marginal ou hidrodinâmico. Porém, é sabido que uma considerável proporção de mancais pode trabalhar com uma mistura de ambos os mecanismos ao mesmo tempo. Um mancal hidrodinâmico pode ter algumas regiões de suas superfícies de deslizamento muito próximas, onde interações superficiais e lubrificação marginal contribuem para o atrito total do mancal e as características de desgaste das mesmas são superpostas às das regiões de lubrificação hidrodinâmica. Além disto, é sabido que efeitos hidrodinâmicos locais entre irregularidades superficiais podem contribuir para a capacidade de carga total; um mecanismo conhecido como "lubrificação áspera".

Em lubrificação mista é necessário considerar tanto as propriedades físicas do fluido lubrificante quanto as interações químicas entre o fluido lubrificante, aditivos e as superfícies de deslizamento.

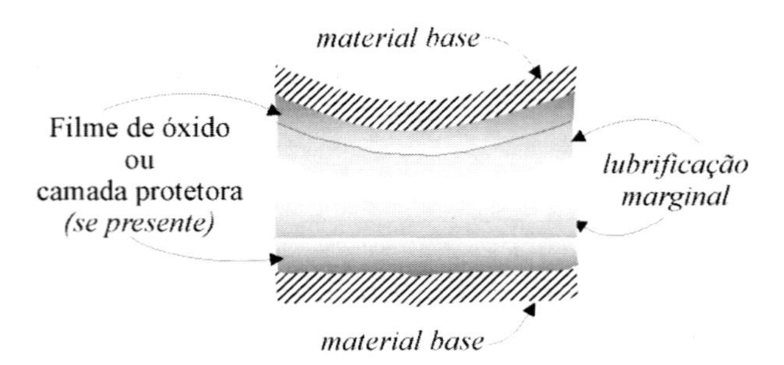

Figura 1.9 - Lubrificação mista

Este modo de lubrificação é encontrado em engrenagens, mancal de esferas (rolamento), retentores e até mesmo em mancais de deslizamento convencionais. Hoje é reconhecido que é difícil eliminar os efeitos da lubrificação hidrodinâmica em experimentos com lubrificação marginal e efeitos 'marginais' ocorrem em experimentos de lubrificação hidrodinâmica mais freqüentemente do que é geralmente reconhecido. Isto indica a importância crescente do reconhecimento e estudo do regime de lubrificação mista.

Para que não haja lubrificação marginal, deve-se evitar interação das asperezas das superfícies de deslizamento e, para tanto, é necessário que a espessura de filme seja maior que a rugosidade das superfícies de deslizamento (R_a).

$$\rightarrow \quad h > R_a \quad \text{ou} \quad \lambda > 1 \qquad (1.8)$$

Em geral, este valor deve ser de duas a cinco vezes maior que a rugosidade das superfícies, dependendo do método de manufatura das mesmas.

$$1 < \lambda < 5 \qquad (1.9)$$

Existe a possibilidade de lubrificação mista sempre que a variável adimensional λ obedecer a expressão dada pela equação (1.9).

1.4.3 - Lubrificação hidrodinâmica

A melhor maneira de minimizar desgaste e danos superficiais de peças rígidas em contato e com velocidade relativa não nula, é separá-las por um filme de fluido lubrificante. O lubrificante pode ser liquido ou gasoso, e a força de sustentação pode ser gerada pela velocidade relativa não nula das peças rígidas (mancais dinâmicos), ou através de uma pressurização externa (mancais estáticos). Estes conceitos serão explicados em mais detalhe posteriormente.

A principal característica deste modo de lubrificação é que as superfícies rígidas estão separadas por um filme de fluido consideravelmente mais espesso que as dimensões das irregularidades das superfícies. Neste caso, a espessura do filme do fluido é da ordem de milhares de vezes maior que o tamanho das moléculas, e pode-se assim analisá-lo através das leis da mecânica dos fluidos. A resistência devido ao atrito pode ser calculada através da tensão de cisalhamento viscoso no fluido. Neste caso a viscosidade do fluido lubrificante é a propriedade física mais importante. A densidade é importante somente para mancais com fluido lubrificante gasoso e altamente pressurizado.

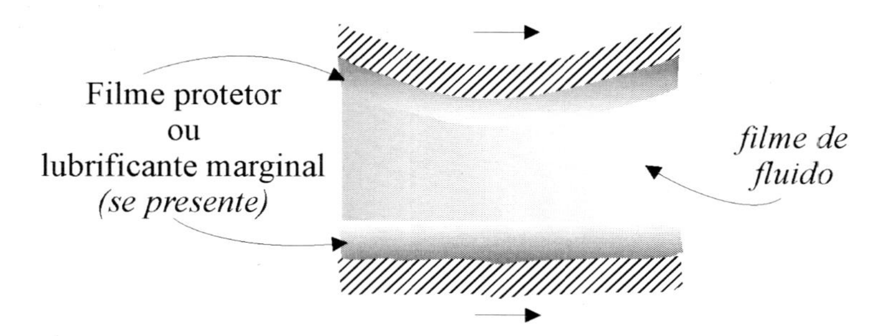

Figura 1.10 - Lubrificação hidrodinâmica

Neste modo de lubrificação assume-se que o fluido lubrificante "molha" adequadamente as superfícies de deslizamento. Para que haja uma lubrificação hidrodinâmica é necessária a ausência de qualquer interação das asperezas das superfícies, e para tanto, a espessura do filme tem que ser pelo menos de 2 (duas) a 5 (cinco) vezes maior que a rugosidade das superfícies.

$$5 \leq \lambda \leq 100 \qquad (1.10)$$

É difícil estabelecer um limite superior para a espessura de filme em relação à rugosidade, uma vez que não existe um contorno físico embutido nas definições dos valores de rugosidade apresentadas anteriormente. Porém, é importante notar que espessuras de filme muito elevadas normalmente não geram muita capacidade de carga e, em aplicações práticas, estas espessuras raramente ultrapassam cem vezes o valor da rugosidade das superfícies. Lubrificação hidrodinâmica acontece sempre que $\lambda \geq 5$, assim sendo, tem-se que, para lubrificação hidrodinâmica o parâmetro λ obedece a expressão (1.10).

Capítulo 2 - Noções Básicas de Mancal

2.1 - Definição de mancal

Um mancal é um elemento de máquina normalmente usado entre duas peças rígidas. A função principal de um mancal é a de separar as peças rígidas, evitando o contato entre elas. Um mancal geralmente possui um fluido lubrificante, que é inserido entre as peças rígidas. No caso em que haja um movimento relativo entre ambas, a finalidade do mancal é, também, a de substituir o atrito seco entre as peças pelo atrito viscoso no fluido lubrificante, diminuindo assim a temperatura de funcionamento, o atrito e desgaste das superfícies das peças rígidas.

2.2 - Mancal estático (externamente pressurizado)

Em mancais estáticos, a função principal, a de separar peças rígidas em movimento relativo (ou não), é obtido através de um processo de **pressurização externa**. Neste caso a pressão interna no mancal não é produzida pelo movimento relativo (auto pressurização) e existe sempre um filme de fluido pressurizado, mesmo quando as peças tiverem velocidade relativa nula. Um exemplo simples é o de um mancal radial cujo corte transversal é mostrado esquematicamente na figura 4.1.

Através da pressurização por uma bomba externa ao mancal, pode-se conseguir uma região de alta pressão na bolsa do mancal. A pressão do fluido lubrificante nas bolsas multiplicada pela área das mesmas gera uma força de sustentação que tende a separar o eixo do alojamento, mesmo quando não houver velocidade relativa entre ambos.

Devido ao fato de que não é necessário que haja velocidade relativa entre o eixo e alojamento, este tipo de mancal pode ser projetado para ser bastante rígido ("stiff"), não permitindo "grandes" deslocamentos entre as partes durante o funcionamento.

Este tipo de mancal é geralmente usado (às vezes necessário) para mecanismos de ultra precisão, tais como máquinas retificadoras de material frágil e equipamentos de "mecânica fina" em geral. Se o fluido lubrificante de um mancal estático for ar o mesmo é denominado mancal **aerostático** e, se for líquido, o mesmo é denominado **hidrostático**.

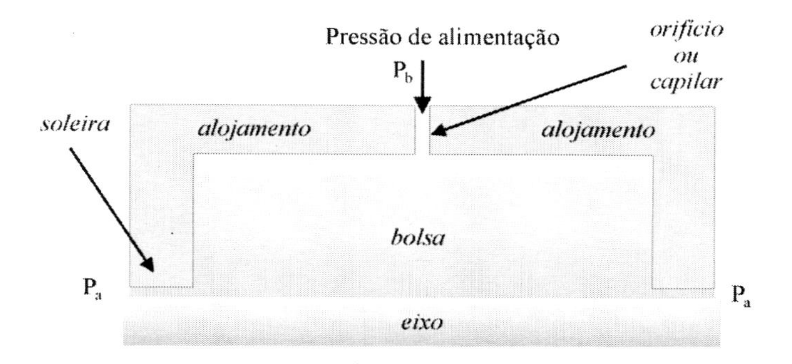

Figura 2.1 - Corte transversal de um mancal radial externmente pressurizado

2.3 - Mancal dinâmico (autopressurizável)

Um mancal dinâmico é um tipo específico de mancal, que possui a capacidade de auto pressurização, sem a necessidade de pressurização externa. Fisicamente isto ocorre devido à velocidade relativa não nula entre o eixo e o alojamento do mancal. A velocidade relativa entre essas duas partes pode causar dois fenômenos denominados "**wedge**" ou efeito cunha e "**squeeze**" ou efeito de prensamento do fluido lubrificante, que geram pressão interna no mesmo. Estes mecanismos serão explicados a seguir.

2.4 - Mecanismos de autopressurização

Conforme já mencionado, a autopressurização em mancais dinâmicos ocorre devido a dois fenômenos denominados "**wedge**" (ou efeito cunha), e "**squeeze**" (ou efeito de prensamento do fluido lubrificante).

2.4.1 - Efeito "wedge" (cunha)

O efeito "wedge" ou efeito cunha pode ser melhor compreendido observando-se a figura 2.2.

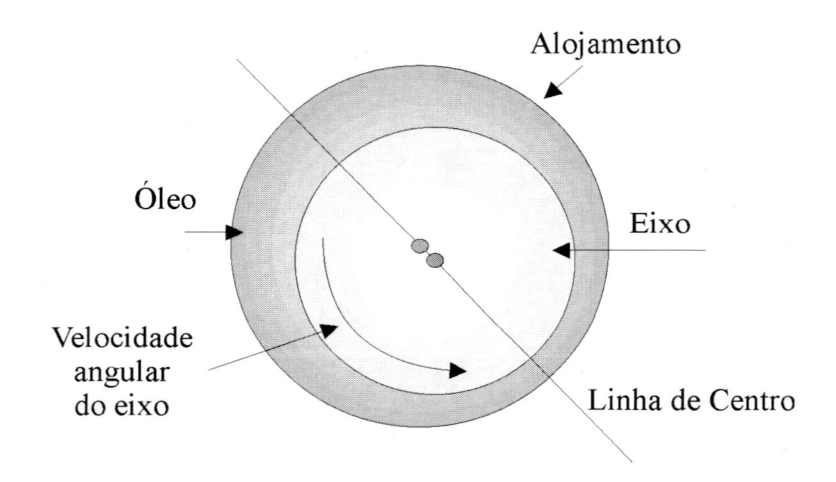

Figura 2.2 - Efeito "wegde" (cunha)

Conforme pode ser visto, devido à rotação do eixo as partículas do fluído são levadas, por arraste, de uma região de maior volume para uma região de menor volume, aumentando a densidade do fluído e conseqüentemente sua pressão, gerando assim um gradiente de pressão hidrodinâmica, ou uma região de alta pressão entre as superfícies de deslizamento na região de menor volume.

Esta pressão hidrodinâmica tende a separar o eixo do alojamento. Se o mancal for devidamente projetado, não haverá contato entre ambas as partes e o atrito seco que haveria entre elas é transferido para o atrito viscoso no fluido lubrificante.

2.4.2 – Efeito "squeeze" (prensamento do filme de óleo)

O efeito de prensamento do fluído pode ser melhor entendido analisando-se a figura 2.3. Se durante o funcionamento do mancal houver uma velocidade radial do eixo (V), as partículas do fluído serão prensadas entre o eixo e o alojamento, e a pressão hidrodinâmica nessa região aumenta drasticamente. À este fenômeno de autopressurização dá-se o nome de "squeeze", ou prensamento do fluído lubrificante.

Assim como no caso anterior, essa pressão hidrodinâmica gera uma força que tende a separar o eixo do alojamento. Se o mancal for devidamente projetado, não haverá contato entre ambas as partes, e assim como no caso anterior, o atrito seco que haveria entre elas é transferido para o atrito viscoso no fluido lubrificante.

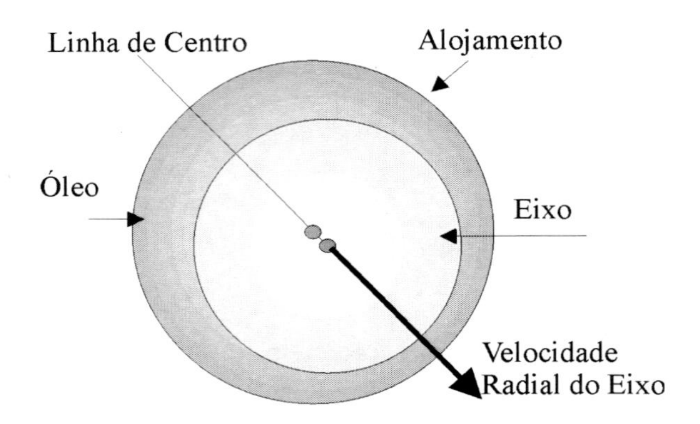

Figura 2.3 - Efeito de prensamento do fluído lubrificante

2.4.3 - Efeito conjunto de pressurização

Estes dois efeitos cunha ("wedge") e prensamento do filme de óleo ("squeeze"), obtidos isolada ou simultaneamente geram um campo de pressão termodinâmica que é o agente responsável pela capacidade de sustentação de carga em mancais dinâmicos. A soma das pressões pontuais obtidas por esses dois mecanismos multiplicada pela área da superfície de deslizamento (a integral da pressão com relação à área) do mancal irá gerar uma força de sustentação que tende a separar o eixo do alojamento. Se o fluido lubrificante de um mancal dinâmico for ar, o mesmo é denominado mancal **aerodinâmico** e, se for líquido, o mesmo é denominado **hidrodinâmico**.

2.5 - Tipos de mancais de deslizamento

Conforme já mencionado, um mancal hidrodinâmico é um elemento de máquina usado para separar peças rígidas, em movimento relativo, diminuindo o atrito e conseqüente desgaste superficial das mesmas. Neste capítulo serão abordados os diferentes tipos de mancais dinâmicos com fluido lubrificante líquido, ou mancais hidrodinâmicos.

2.5.1 - Mancais radiais

Um mancal radial é composto por um alojamento cilíndrico e um eixo em seu interior, ambos separados por um fluido lubrificante, conforme esquematizado na figura 2.4.

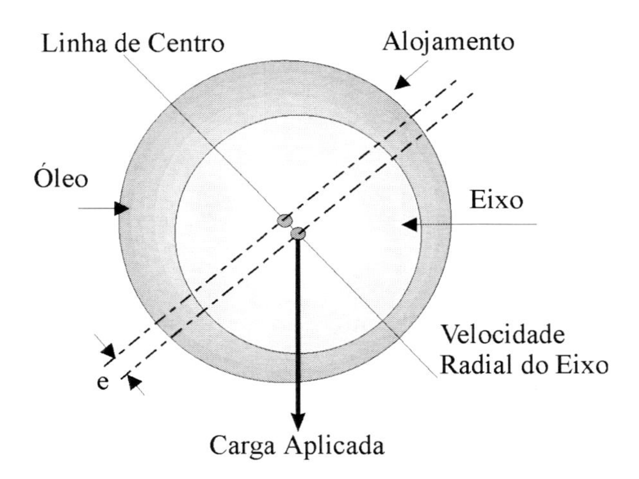

Figura 2.4 - Mancal hidrodinâmico radial

Este tipo de mancal é usado para separar peças com carga radial, ou quando existe uma carga radial aplicada a um eixo com velocidade angular relativa (ao alojamento) não nula.

2.5.2 - Mancais axiais

Um mancal axial, às vezes chamado de arruela de encosto, é composto por duas superfícies circulares, separadas por um fluido lubrificante, conforme esquematizado na figura 2.5. Este tipo de mancal é usado para separar peças com carga de contato axial.

É importante ressaltar aqui um detalhe extremamente importante com relação à este tipo de mancal. Como se trata de um mancal dinâmico (sem pressurização externa), o mesmo deve possuir um mecanismo de autopressurização, já mencionado anteriormente. **Se as duas superfícies de deslizamento forem planas, este "mancal" não terá a capacidade de gerar pressão hidrodinâmica!** Para que haja um mecanismo de autopressurização, análogo ao mancal radial, é necessário que existam regiões convergentes entre as superfícies de deslizamento. Isto pode ser obtido somente se uma das superfícies de deslizamento possuir regiões inclinadas (denominadas de sapatas), conforme mostrado na figura 2.6.

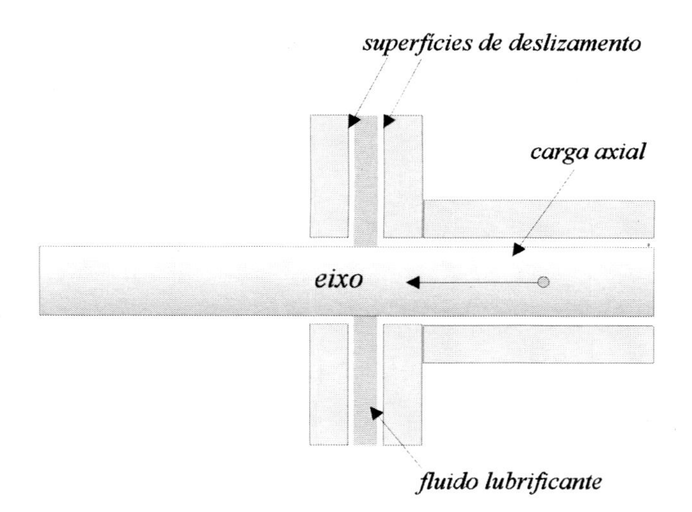

Figura 2.5 - Mancal axial

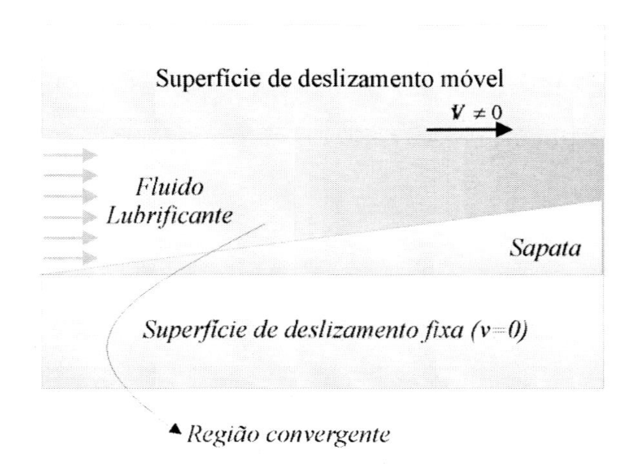

Figura 2.6 - Regiões inclinadas ou sapatas na superfície de deslizamento de mancais hidrodinâmicos axiais

Como pode ser visto pela figura 2.6, o fluido é arrastado pela superfície móvel, de uma região de maior volume para uma região de menor volume, aumentando, conseqüentemente, sua densidade e pressão. Ou seja, o fluido passa através de uma região convergente e isso faz com que sua pressão aumente ao longo da superfície de deslizamento. Este mecanismo é responsável pela autopressurização do fluido e conseqüente capacidade de sustentação hidrodinâmica do mancal.

Duas arruelas com superfícies planas e em movimento relativo não constituem necessariamente um mancal hidrodinâmico. A inserção de um fluido lubrificante entre ambas apenas diminui o coeficiente de atrito, mas, se não houver sapatas em uma das superfícies, o conjunto é normalmente chamado de arruela de encosto, e não pode, rigorosamente falando, ser denominado de mancal hidrodinâmico.

2.5.3 - Mancais mistos

Quando jouver a necessidade de um mancal que tenha ambas as capacidades de carga (radial e axial), existem basicamente quatro tipos de configurações que podem ser empregadas:

A - Combinação de dois mancais separados: um radial e um axial

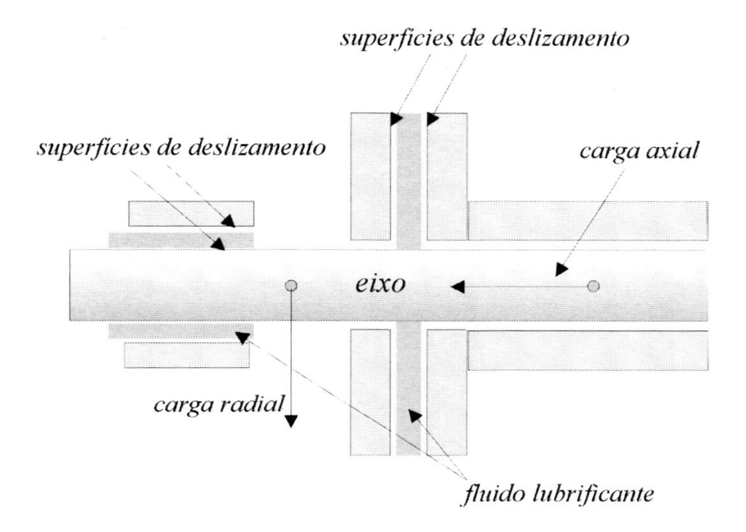

Figura 2.7 - Mancal misto

B - Mancal Cônico

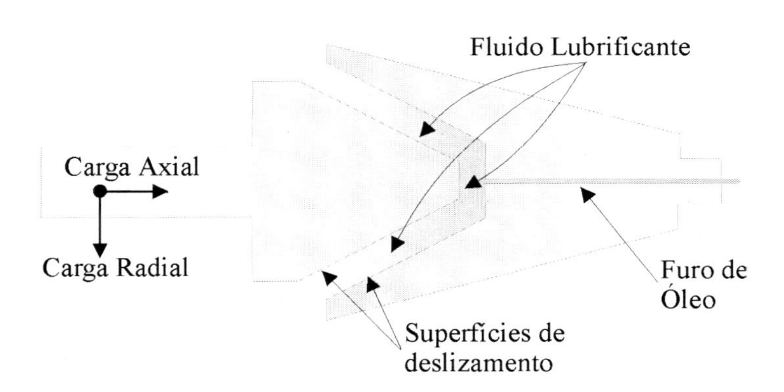

Figura 2.8 - Mancal cônico

C - Mancal Esférico

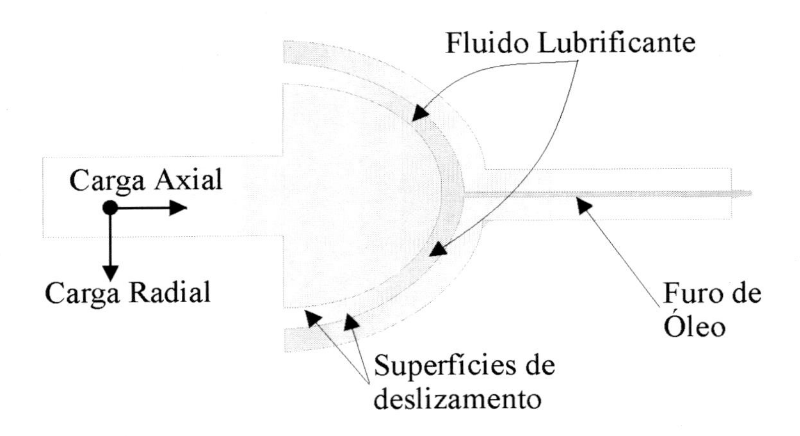

Figura 2.9 - Mancal esférico

D - Um sistema de mancal que possui ambas capacidades de carga (radial e axial) e cujas operações estejam interligadas de alguma maneira

Existe um número muito grande de combinações possíveis de geometrias e configurações que podem ser usadas. Na realidade, para cada nova aplicação específica é possível projetar um novo mancal misto, cujas interligações operacionais sejam inéditas ou não convencionais.

2.6 - Fator de excentricidade em mancais radiais

Fator de Excentricidade (ε) é um número adimensional definido pela razão da excentricidade pela folga radial.

$$\varepsilon = \frac{e}{c} \qquad 0 \le \varepsilon \le 1 \tag{2.1}$$

A folga radial é a distância entre a superfície do eixo e a superfície do alojamento de um mancal radial concêntrico. Em mancais radiais, a espessura do filme de fluido lubrificante varia em função do ângulo θ, que é o ângulo medido a partir da linha de centros do mancal, conforme ilustrado na figura 2.10. Usando a lei de cosenos para triângulos tem-se:

$$(R+h)^2 = (R+C)^2 + e^2 - 2e(R+C)\cos(\alpha) \tag{2.2}$$

$$\cos(\alpha) = \cos(\pi - \theta) = -\cos(-\theta) = -\cos(\theta) \tag{2.3}$$

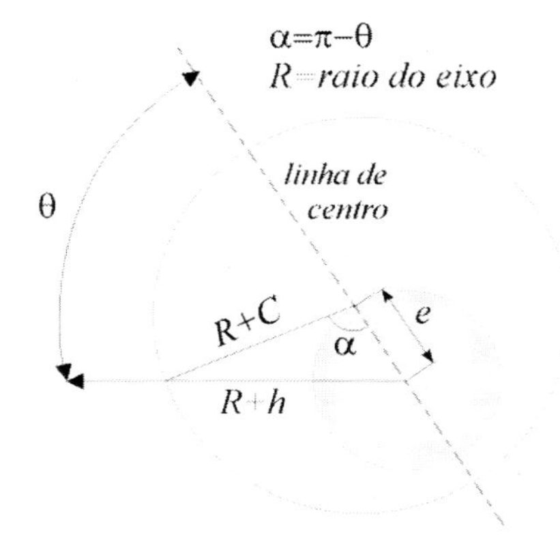

Figura 2.10 – Espessura de filme em função do ângulo θ em mancais radiais

Substituindo $\cos(\alpha)$ tem-se:

$$R^2 + 2Rh + h^2 = R^2 + 2RC + C^2 + e^2 + 2eR\cos(\theta) + 2eC\cos(\theta) \tag{2.4}$$

Desprezando h^2, C^2, e^2 e eC na equação acima, tem-se:

$$2Rh = 2RC + 2Re\cos(\theta) \tag{2.5}$$

Dividindo os dois lados da equação (2.5) por 2R, tem-se:

$$h = C + e\cos(\theta) = C + C\varepsilon\cos(\theta) = C\left[1 + \varepsilon\cos(\theta)\right] \tag{2.6}$$

$$\rightarrow \quad h(\theta) = C\left[1 + \varepsilon\cos(\theta)\right] \tag{2.7}$$

Para um mancal radial com folga radial C e fator de excentricidade ε conhecidos, a equação (2.7) fornece o valor da espessura do filme de fluido lubrificante em função do ângulo θ, medido a partir da linha de centros do mancal, conforme esquematizado na figura 2.10.

Capítulo 3 – Elementos de Mecânica dos Fluidos

A equação de Reynolds é derivada a partir das equações de conservação da massa e das equações de Navier-Stokes.

Um enfoque matematicamente mais rigoroso para a dedução das equações acima é através do teorema de transporte de Reynolds, mais detalhes podem ser vistos em [07]. Porém para tornar o material deste livro mais acessível, inclusive a alunos de graduação, será usado aqui um enfoque menos rigoroso porém mais simples: o de um elemento de volume fixo no espaço. Este enfoque apesar de menos rigoroso é mais fácil de entender, mais intuitivo e produz as mesmas equações.

3.1 - A equação de conservação da massa em coordenadas Cartesianas

Considere um elemento de volume fixo $\Delta\forall$ com relação à um sistema fixo de coordenadas, imerso num fluído arbitrário com velocidade $\vec{V}$ onde:

$$\vec{V} = u\,\hat{\vec{i}} + v\,\hat{\vec{j}} + w\,\hat{\vec{k}}$$

$$\left|\hat{\vec{i}}\right| = \left|\hat{\vec{j}}\right| = \left|\hat{\vec{k}}\right| = 1$$

O elemento de volume $\Delta\forall$ tem arestas $\Delta x, \Delta y$ e Δz. Num intervalo de tempo Δt a variação de massa em $\Delta\forall$ é dada por:

$$\Delta M = (\dot{m}_e - \dot{m}_s)\Delta t \tag{3.1}$$

Onde:

- $\dot{m}_e$ é vazão mássica que entra em $\Delta\forall$, devido à velocidade do fluído kg/s;
- $\dot{m}_s$ é a vazão mássica que deixa $\Delta\forall$, devido à velocidade do fluído kg/s.

A vazão mássica que entra no volume de controle é:

$$\dot{m}_e = (\dot{m}_x)_x + (\dot{m}_y)_y + (\dot{m}_z)_z \tag{3.2}$$

A vazão mássica que sai do volume de controle é:

$$\dot{m}_s = (\dot{m}_x)_{x+\Delta x} + (\dot{m}_y)_{y+\Delta y} + (\dot{m}_z)_{z+\Delta z} \tag{3.3}$$

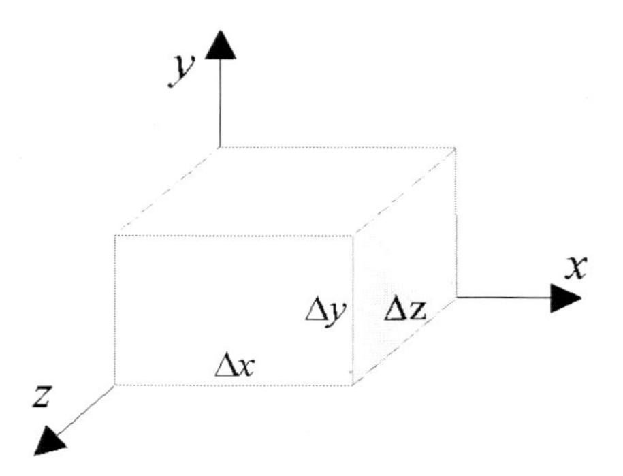

Figura 3.1 - Elemento de volume

Usando uma série de Taylor de primeira ordem para representar os termos da equação anterior, tem–se:

$$\dot{m}_s = \left[\left(\dot{m}_x + \frac{\partial \dot{m}_x}{\partial x} \Delta x \right)_x + \left(\dot{m}_y + \frac{\partial \dot{m}_y}{\partial y} \Delta y \right)_y + \left(\dot{m}_z + \frac{\partial \dot{m}_z}{\partial z} \Delta z \right)_z \right] \tag{3.4}$$

Substituindo por (3.4) e (3.2) na equação (3.1), tem-se:

$$\Delta M = \left[\begin{array}{l} \left(\dot{m}_x \right)_x - \left(\dot{m}_x + \dfrac{\partial \dot{m}_x}{\partial x} \Delta x \right)_x + \left(\dot{m}_y \right)_y - \\ \left(\dot{m}_y + \dfrac{\partial \dot{m}_y}{\partial y} \Delta y \right)_y + \left(\dot{m}_z \right)_z - \left(\dot{m}_z + \dfrac{\partial \dot{m}_z}{\partial z} \Delta z \right)_z \end{array} \right] \Delta t$$

$$\Rightarrow \quad \Delta M = -\left[\frac{\partial \dot{m}_x}{\partial x} \Delta x + \frac{\partial \dot{m}_y}{\partial y} \Delta y + \frac{\partial \dot{m}_z}{\partial z} \Delta z \right] \Delta t \qquad (3.5)$$

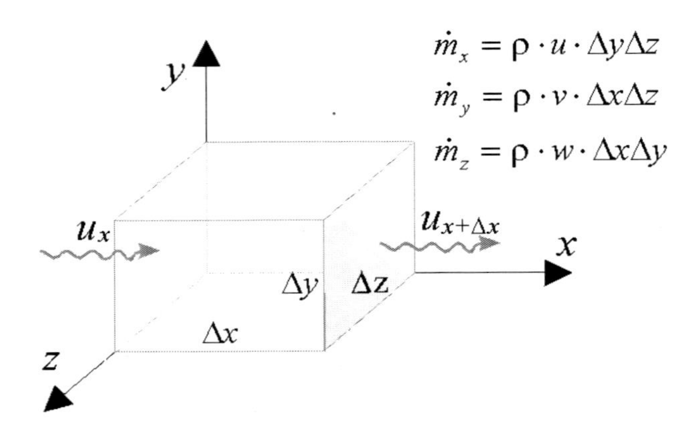

Figura 3.2 - Balanço de massa

Substituindo pelos termos anteriores na equação (3.5), tem-se:

$$\Delta M = -\left[\frac{\partial(\rho u)}{\partial x} + \frac{\partial(\rho v)}{\partial y} + \frac{\partial(\rho w)}{\partial z} \right] \Delta\forall \Delta t \qquad (3.6)$$

Na equação anterior usou-se o fato de que Δx, Δy e Δz são constantes.

$$M = \rho \, \Delta\forall \,, \qquad \Delta M = \rho \, \Delta(\Delta\forall) + \Delta\forall \Delta\rho$$

Substituindo pela expressão anterior em (3.6) e dividindo os dois lados da equação por $\Delta\forall\Delta t$, tem-se:

$$\frac{\Delta \rho}{\Delta t} = -\left[\frac{\partial(\rho u)}{\partial x} + \frac{\partial(\rho v)}{\partial y} + \frac{\partial(\rho w)}{\partial z}\right] \tag{3.7}$$

tirando o limite da equação (3.7) quando $\Delta t \rightarrow 0$, tem-se:

$$\frac{\partial \rho}{\partial t} = -\left[\frac{\partial(\rho u)}{\partial x} + \frac{\partial(\rho v)}{\partial y} + \frac{\partial(\rho w)}{\partial z}\right] \tag{3.8}$$

➔

$$\frac{\partial \rho}{\partial t} + \frac{\partial(\rho u)}{\partial x} + \frac{\partial(\rho v)}{\partial y} + \frac{\partial(\rho w)}{\partial z} = 0 \tag{3.9}$$

A expressão (3.9) que é a equação de conservação da massa para fluídos compressíveis e em coordenadas Cartesianas. A mesma pode também ser expressa em notação tensorial indicial:

$$\boxed{\frac{\partial \rho}{\partial t} + \frac{\partial(\rho u_i)}{\partial x_i} = 0} \tag{3.10}$$

E, em notação tensorial direta:

$$\boxed{\frac{\partial \rho}{\partial t} + \vec{\nabla} \bullet (\rho \vec{V}) = 0} \tag{3.11}$$

Casos particulares:

➢ Se a densidade variar com as coordenadas espaciais mas não variar com o tempo

então, tem-se:

$$\rho \neq f(t) \quad \Rightarrow \quad \frac{\partial \rho}{\partial t} = 0 \tag{3.12}$$

Neste caso a equação (3.9) passa a ser:

$$\frac{\partial(\rho u)}{\partial x} + \frac{\partial(\rho v)}{\partial y} + \frac{\partial(\rho w)}{\partial z} = 0 \tag{3.13}$$

Em notação tensorial indicial e direta, tem-se:

$$\frac{\partial(\rho u_i)}{\partial x_i} = 0$$

$$\vec{\nabla} \bullet (\rho \vec{V}) = 0 \tag{3.14}$$

Expandindo as derivadas da equação anterior tem-se:

$$\rho \frac{\partial u}{\partial x} + u \frac{\partial \rho}{\partial x} + \rho \frac{\partial v}{\partial y} + v \frac{\partial \rho}{\partial y} + \rho \frac{\partial w}{\partial z} + w \frac{\partial \rho}{\partial z} =$$

$$\rho\left[\frac{\partial u}{\partial x} + \frac{\partial v}{\partial y} + \frac{\partial w}{\partial z}\right] + \left[u \frac{\partial \rho}{\partial x} + v \frac{\partial \rho}{\partial y} + w \frac{\partial \rho}{\partial z}\right] = 0$$

(3.15)

- Se ρ não variar no espaço (ou com as coordenadas espaciais), então tem-se:

$$\rho \neq f(x, y, z) \quad \Rightarrow \quad \frac{\partial \rho}{\partial x} = \frac{\partial \rho}{\partial y} = \frac{\partial \rho}{\partial z} = 0 \tag{3.16}$$

Substituindo pela equação (3.16) em (3.14) tem-se a equação para um fluido **incompressível**:

$$\frac{\partial u}{\partial x} + \frac{\partial v}{\partial y} + \frac{\partial w}{\partial z} = 0 \tag{3.17}$$

Em notação tensorial indicial:

$$\frac{\partial u_i}{\partial x_i} = 0 \tag{3.18}$$

e em notação tensorial direta:

$$\vec{\nabla} \bullet \vec{V} = 0 \tag{3.19}$$

Note que a expressão anterior é uma **condição necessária e suficiente** para que um fluido seja imcompressível. Isto é facil de verificar; considere a equação (3.11), repoduzida abaixo:

$$\frac{\partial \rho}{\partial t} + \vec{\nabla} \bullet (\rho \vec{V}) = 0 \tag{3.20}$$

Expandindo as derivdas da equação anterior, tem-se:

$$\frac{\partial \rho}{\partial t} + \vec{\nabla} \bullet (\rho \vec{V}) = \frac{\partial \rho}{\partial t} + \vec{V} \bullet (\vec{\nabla} \rho) + \rho \vec{\nabla} \bullet \vec{V} = 0 \tag{3.21}$$

Os primeiros dois termos da equação do lado direito da expressão acima representam a derivada total da densidade em função do tempo. Assim sendo tem-se:

$$\frac{\partial \rho}{\partial t} + \vec{\nabla} \bullet (\rho \vec{V}) = \frac{d \rho}{d t} + \rho \vec{\nabla} \bullet \vec{V} = 0 \tag{3.22}$$

Se o divergente da velocidade for nulo então a equação acima passa a ser:

$$\frac{\partial \rho}{\partial t} + \vec{\nabla} \bullet (\rho \vec{V}) = \frac{d \rho}{d t} + \rho \vec{\nabla} \bullet \vec{V} = \frac{d \rho}{d t} = 0 \tag{3.23}$$

$$\rightarrow \quad \frac{d \rho}{d t} = 0 \tag{3.24}$$

E neste caso a densidade não varia nem com as coordendas espaciais e nem com o tempo, o que implica que o fluido é incompressível.

3.2 - As equações de conservação da quantidade de movimento em coordenadas Cartesianas

Considere um fluído arbitrário com velocidade $\vec{V}$ dada por

$$\vec{V} = u\,\hat{\vec{i}} + v\,\hat{\vec{j}} + w\,\hat{\vec{k}} \tag{3.25}$$

A quantidade de massa contida num elemento de volume $\Delta\forall$ é dada por $\rho\,\Delta\forall$. Neste caso, consideraremos um elemento de volume que não está fixo, mas tem a mesma velocidade do fluído (**Enfoque Lagrangiano**).

Somatória das forças atuantes na direção x

As forças atuantes na superfície do elemento de volume podem ser decompostas nas três direções, observando-se a figura 3.3.

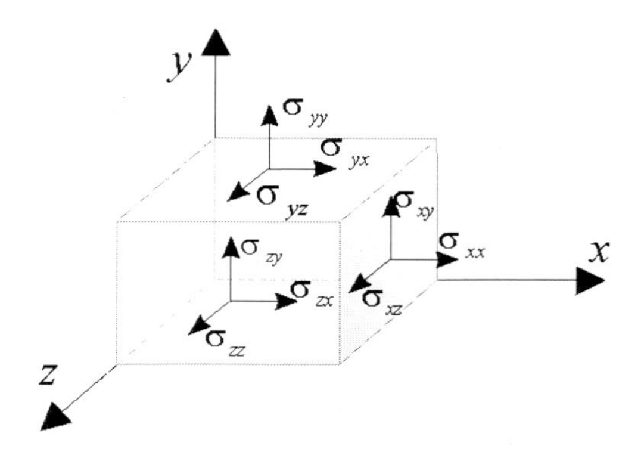

Figura 3.3 - Tensões normais e cizalhantes num elemento de volume

O componente da força na direção x é dado por:

$$f_x = \left\{ \left[(\sigma_{xx})_{x+\Delta x} \Delta y \Delta z + (\sigma_{yx})_{y+\Delta y} \Delta x \Delta z + (\sigma_{zy})_{z+\Delta z} \Delta y \Delta x \right] \right.$$

$$\left. - \left[(\sigma_{xx})_x \Delta y \Delta z + (\sigma_{yx})_y \Delta y \Delta z + (\sigma_{zx})_z \Delta y \Delta x \right] \right\} \tag{3.26}$$

Usando uma série de Taylor de primeira ordem para a aproximação dos valores da tensão nos pontos $x + \Delta x$, $y + \Delta y$ e $z + \Delta z$, tem-se:

$$f_x = \left[\begin{array}{r} \left(\sigma_{xx} + \dfrac{\partial \sigma_{xx}}{\partial x} \Delta x \right)_x \Delta y \Delta z + \left(\sigma_{yx} + \dfrac{\partial \sigma_{yx}}{\partial y} \Delta y \right)_y \Delta x \Delta z + \\ \left(\sigma_{zx} + \dfrac{\partial \sigma_{zx}}{\partial z} \Delta z \right)_z \Delta y \Delta x \end{array} \right]$$

$$- \left[\left(\sigma_{xx} \right)_x \Delta y \Delta z + \left(\sigma_{yx} \right)_y \Delta x \Delta z + \left(\sigma_{zx} \right)_z \Delta y \Delta x \right] \tag{3.27}$$

$$f_x = \left[\frac{\partial \sigma_{xx}}{\partial x} + \frac{\partial \sigma_{yx}}{\partial y} + \frac{\partial \sigma_{zx}}{\partial z} \right] \Delta\forall \tag{3.28}$$

A velocidade $\vec{V} = u\,\hat{\vec{i}} + v\,\hat{\vec{j}} + w\,\hat{\vec{k}}$ pode ser decomposta nas três direções. Na direção x:

$$\Delta\forall\,\rho \frac{du}{dt} = +f_x + \left[\frac{\partial \sigma_{xx}}{\partial x} + \frac{\partial \sigma_{yx}}{\partial y} + \frac{\partial \sigma_{zx}}{\partial z} \right] \Delta\forall \tag{3.29}$$

Dividindo os dois lados da equação anterior por $\Delta\forall$, tem-se:

$$\rho \frac{du}{dt} = f_x''' + \frac{\partial \sigma_{xx}}{\partial x} + \frac{\partial \sigma_{yx}}{\partial y} + \frac{\partial \sigma_{zx}}{\partial z} \tag{3.30}$$

Onde f_x''' é o componente x da força devido à campos externos por unidade de volume (N/m^3). Seguindo o mesmo procedimento para as outras duas direções, obtém-se as equações de conservação da quantidade de movimento:

$$\rho \frac{du}{dt} = f_x''' + \frac{\partial \sigma_{xx}}{\partial x} + \frac{\partial \sigma_{yx}}{\partial y} + \frac{\partial \sigma_{zx}}{\partial z}$$

$$\rho \frac{dv}{dt} = f_y''' + \frac{\partial \sigma_{xy}}{\partial x} + \frac{\partial \sigma_{yy}}{\partial y} + \frac{\partial \sigma_{zy}}{\partial z} \qquad (3.33)$$

$$\rho \frac{dw}{dt} = f_z''' + \frac{\partial \sigma_{xz}}{\partial x} + \frac{\partial \sigma_{yz}}{\partial y} + \frac{\partial \sigma_{zz}}{\partial z}$$

Em notação tensorial indicial:

$$\rho \frac{du_j}{dt} = f_j''' + \frac{\partial \sigma_{ij}}{\partial x_i} \qquad (3.34)$$

E em notação tensorial direta:

$$\rho \frac{d\vec{V}}{dt} = \vec{f}''' + \vec{\nabla} \bullet \overline{\overline{\sigma}} \qquad (3.35)$$

3.3 - As equações de Navier–Stokes em coordenadas Cartesianas

O tensor de tensões internas para um fluído Newtoniano, com a hipótese de Stokes ($\lambda = \frac{-2}{3}\mu$) é dado por:

$$\sigma_{ij} = -p\delta_{ij} + \mu\left(\frac{\partial u_i}{\partial x_j} + \frac{\partial u_j}{\partial x_i}\right) - \frac{2}{3}\mu\,\delta_{ij}\frac{\partial u_k}{\partial x_k} \qquad (3.36)$$

Que pode ser expresso em notação tensorial direta:

$$\overline{\overline{\sigma}} = \rho\,\overline{\overline{I}} + 2\mu\overline{\overline{D}} - \frac{2}{3}\mu\,\mathrm{tr}(\overline{\overline{I}}) \qquad (3.37)$$

Onde:

$$\overline{\overline{D}} = \frac{1}{2}(\overline{\overline{L}} + \overline{\overline{L}}^T)$$

(3.38)

$$\overline{\overline{L}} = \underbrace{\frac{1}{2}\left(\overline{\overline{L}} + \overline{\overline{L}}^T\right)}_{\overline{\overline{D}}} + \underbrace{\frac{1}{2}\left(\overline{\overline{L}} - \overline{\overline{L}}^T\right)}_{\overline{\overline{W}}}$$

$$\sigma_{xx} = -p + \mu\left(\frac{\partial u}{\partial x} + \frac{\partial u}{\partial x}\right) - \frac{2}{3}\mu\left(\frac{\partial u}{\partial x} + \frac{\partial v}{\partial y} + \frac{\partial w}{\partial z}\right) \qquad (3.39)$$

$$\sigma_{yx} = \mu\left(\frac{\partial v}{\partial x} + \frac{\partial u}{\partial y}\right) \quad ; \quad \sigma_{zx} = \mu\left(\frac{\partial w}{\partial x} + \frac{\partial u}{\partial z}\right) \qquad (3.40)$$

$$\sigma_{xy} = \mu\left(\frac{\partial u}{\partial y} + \frac{\partial v}{\partial x}\right) \quad ; \quad \sigma_{zy} = \mu\left(\frac{\partial w}{\partial y} + \frac{\partial v}{\partial z}\right) \qquad (3.41)$$

$$\sigma_{yy} = -p + \mu\left(\frac{\partial v}{\partial y} + \frac{\partial v}{\partial y}\right) - \frac{2}{3}\mu\left(\frac{\partial u}{\partial x} + \frac{\partial v}{\partial y} + \frac{\partial w}{\partial z}\right) \tag{3.42}$$

$$\sigma_{xz} = \mu\left(\frac{\partial u}{\partial z} + \frac{\partial w}{\partial x}\right) \quad ; \quad \sigma_{yz} = \mu\left(\frac{\partial v}{\partial z} + \frac{\partial w}{\partial y}\right) \tag{3.43}$$

$$\sigma_{zz} = -p + \mu\left(\frac{\partial w}{\partial z} + \frac{\partial w}{\partial z}\right) - \frac{2}{3}\mu\left(\frac{\partial u}{\partial x} + \frac{\partial v}{\partial y} + \frac{\partial w}{\partial z}\right) \tag{3.44}$$

O tensor de tensões internas $\overline{\overline{\sigma}}$ para um fluído Newtoniano é dado por:

$$\overline{\overline{\sigma}} = \begin{pmatrix} \sigma_{xx} & \sigma_{xy} & \sigma_{xz} \\ \sigma_{yx} & \sigma_{yy} & \sigma_{yz} \\ \sigma_{zx} & \sigma_{zy} & \sigma_{zz} \end{pmatrix} \tag{3.45}$$

Os elementos do tensor acima podem ser expressos em notação tensorial indicial:

$$\sigma_{ij} = -p\delta_{ij} + \mu\left(\frac{\partial u_j}{\partial x_i} + \frac{\partial u_i}{\partial x_j}\right) + \lambda\delta_{ij}\frac{\partial u_k}{\partial x_k} \tag{3.46}$$

e em notação tensorial direta:

$$\overline{\overline{\sigma}} = -p\overline{\overline{I}} + 2\mu\overline{\overline{D}} + \lambda \, tr(\overline{\overline{D}})\overline{\overline{I}} \tag{3.47}$$

Expandindo os termos do tensor e expressando-o na forma convencional ou forma matricial, sem usar notação tensorial, tem-se:

$$\overline{\overline{\sigma}} = \begin{bmatrix} \left(-p + 2\mu \dfrac{\partial u}{\partial x} + \lambda\theta\right) & \mu\left(\dfrac{\partial u}{\partial y} + \dfrac{\partial v}{\partial x}\right) & \mu\left(\dfrac{\partial u}{\partial z} + \dfrac{\partial w}{\partial x}\right) \\ \mu\left(\dfrac{\partial v}{\partial x} + \dfrac{\partial u}{\partial y}\right) & \left(-p + 2\mu \dfrac{\partial v}{\partial y} + \lambda\theta\right) & \mu\left(\dfrac{\partial v}{\partial z} + \dfrac{\partial w}{\partial y}\right) \\ \mu\left(\dfrac{\partial w}{\partial x} + \dfrac{\partial u}{\partial z}\right) & \mu\left(\dfrac{\partial w}{\partial y} + \dfrac{\partial v}{\partial z}\right) & \left(-p + 2\mu \dfrac{\partial w}{\partial z} + \lambda\theta\right) \end{bmatrix} \tag{3.48}$$

onde:

$$\theta = \frac{\partial u}{\partial x} + \frac{\partial v}{\partial y} + \frac{\partial w}{\partial z} = \vec{\nabla} \bullet \vec{V} = \frac{\partial u_k}{\partial x_k} \tag{3.49}$$

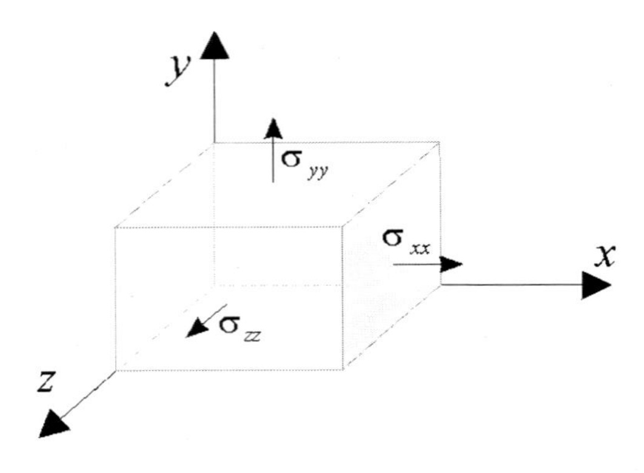

Figura 3.4 - Tensões normais num elemento de volume

Seja $\overline{p}$ a pressão mecânica média que atua no elemento do fluido

$$\overline{p} = -\frac{1}{3}\left(\sigma_{xx} + \sigma_{yy} + \sigma_{zz} \right) \tag{3.50}$$

O sinal negativo na equação (3.50) é devido ao fato de que a pressão hidrodinâmica (ou termodinâmica) exerce uma tensão compressiva no fluido, e, portanto, de acordo com a convenção para sinais de tensão a mesma é negativa. Usando

$$\sigma_{xx} , \sigma_{yy} \text{ e } \sigma_{zz}$$

definidos anteriormente e substituindo na equação anterior tem-se:

$$\overline{p} = -\frac{1}{3}[-3p + 2\mu\underbrace{\left(\frac{\partial u}{\partial x} + \frac{\partial v}{\partial y} + \frac{\partial w}{\partial z}\right)}_{\theta} + 3\lambda\theta] \tag{3.51}$$

$$\overline{p} = p - \frac{2}{3}\mu\,\theta - \lambda\theta \quad \Rightarrow \quad \overline{p} = p - \theta\left(\mu + \frac{2\lambda}{3}\right) \tag{3.52}$$

De acordo com a equação anterior pode-se notar que para que a pressão média $\overline{p}$ seja igual à pressão a p é necessário que:

$$\frac{2\mu}{3} + \lambda = 0 \quad \Rightarrow \quad \lambda = -\frac{2}{3}\mu \tag{3.53}$$

onde λ é o segundo coeficiente de viscosidade. Esta condição é chamada de **hipótese de Stokes**.

As equações de conservação da quantidade de movimento podem ser expressas em notação tensorial direta:

$$\rho\frac{d\vec{V}}{dt} = \vec{f}''' + \vec{\nabla} \bullet \overline{\overline{\sigma}} \tag{3.54}$$

e em notação tensorial indicial:

$$\rho \frac{du_j}{dt} = f_j''' + \frac{\partial \sigma_{ij}}{\partial x_i} \tag{3.55}$$

Expandindo as derivadas da equação anterior, tem-se:

$$\rho \frac{du}{dt} = f_x''' + \frac{\partial \sigma_{xx}}{\partial x} + \frac{\partial \sigma_{xy}}{\partial y} + \frac{\partial \sigma_{xz}}{\partial z}$$

$$\rho \frac{dv}{dt} = f_y''' + \frac{\partial \sigma_{yx}}{\partial x} + \frac{\partial \sigma_{yy}}{\partial y} + \frac{\partial \sigma_{yz}}{\partial z} \tag{3.56}$$

$$\rho \frac{dw}{dt} = f_z''' + \frac{\partial \sigma_{zx}}{\partial x} + \frac{\partial \sigma_{zy}}{\partial y} + \frac{\partial \sigma_{zz}}{\partial z}$$

Os componentes do tensor de tensões internas são dados a seguir:

$$\sigma_{xx} = -p + 2\mu \frac{\partial u}{\partial x} - \frac{2}{3}\mu\theta$$

$$(3.57)$$

$$\sigma_{xy} = \mu\left(\frac{\partial u}{\partial y} + \frac{\partial v}{\partial x}\right) \quad ; \quad \sigma_{xz} = \mu\left(\frac{\partial u}{\partial z} + \frac{\partial w}{\partial x}\right)$$

Substituindo pelas expressões da equação (3.57) na equação (3.56) e fazendo uso da propriedade de simetria do tensor de tensões internas:

$$\sigma_{xy} = \sigma_{yx} \quad ; \quad \sigma_{xz} = \sigma_{zx} \quad ; \quad \sigma_{yz} = \sigma_{zy} \tag{3.58}$$

tem-se:

$$\rho \frac{du}{dt} = f'''_x - \frac{\partial p}{\partial x} + \frac{\partial}{\partial x}\left[2\mu \frac{\partial u}{\partial x} - \frac{2}{3}\mu\theta\right] + \frac{\partial}{\partial y}\left[\mu\left(\frac{\partial u}{\partial y} + \frac{\partial v}{\partial x}\right)\right] + \frac{\partial}{\partial z}\left[\mu\left(\frac{\partial u}{\partial z} + \frac{\partial w}{\partial x}\right)\right] \tag{3.59}$$

$$\rho \frac{dv}{dt} = f'''_y - \frac{\partial p}{\partial y} + \frac{\partial}{\partial x}\left[\mu\left(\frac{\partial v}{\partial x} + \frac{\partial u}{\partial y}\right)\right] + \frac{\partial}{\partial y}\left[2\mu \frac{\partial v}{\partial y} - \frac{2}{3}\mu\theta\right] + \frac{\partial}{\partial z}\left[\mu\left(\frac{\partial u}{\partial y} + \frac{\partial v}{\partial z}\right)\right] \tag{3.60}$$

$$\rho \frac{dw}{dt} = f'''_z - \frac{\partial p}{\partial z} + \frac{\partial}{\partial x}\left[\mu\left(\frac{\partial w}{\partial x} + \frac{\partial u}{\partial z}\right)\right] + \frac{\partial}{\partial y}\left[\mu\left(\frac{\partial w}{\partial y} + \frac{\partial v}{\partial z}\right)\right] + \frac{\partial}{\partial z}\left[2\mu \frac{\partial w}{\partial z} - \frac{2}{3}\mu\theta\right] \tag{3.61}$$

As equações (3.59), (3.60) e (3.61) são as equações de Navier-Stokes, em coordenadas Cartesians, para um fluido Newtoniano com viscosidade e densidade variável em termos de gradiente de velocidade.

3.4 - Casos particulares das equações de Navier-Stokes em coordenadas Cartesianas:

- Fluido compressível e viscosidade constante.

Neste caso a viscosidade não varia com as coordenadas espaciais, ou seja:

$$\mu \neq f(x, y, z) \tag{3.62}$$

neste caso tem-se:

$$\rho \frac{du}{dt} = f_x''' - \frac{\partial p}{\partial x} + \mu \frac{\partial}{\partial x}\left[2\frac{\partial u}{\partial x} - \frac{2}{3}\theta\right] +$$

$$\mu \frac{\partial}{\partial y}\left[\left(\frac{\partial u}{\partial y} + \frac{\partial v}{\partial x}\right)\right] + \mu \frac{\partial}{\partial z}\left[\left(\frac{\partial u}{\partial z} + \frac{\partial w}{\partial x}\right)\right] \tag{3.63}$$

$$\rho\frac{dv}{dt} = f_y''' - \frac{\partial p}{\partial y} + \mu\frac{\partial}{\partial x}\left[\left(\frac{\partial v}{\partial x} + \frac{\partial u}{\partial y}\right)\right] +$$

$$\mu\frac{\partial}{\partial y}\left[2\frac{\partial v}{\partial y} - \frac{2}{3}\theta\right] + \mu\frac{\partial}{\partial z}\left[\left(\frac{\partial u}{\partial y} + \frac{\partial v}{\partial z}\right)\right] \tag{3.64}$$

$$\rho\frac{dw}{dt} = f_z''' - \frac{\partial p}{\partial z} + \mu\frac{\partial}{\partial x}\left[\left(\frac{\partial w}{\partial x} + \frac{\partial u}{\partial z}\right)\right] +$$

$$\mu\frac{\partial}{\partial y}\left[\left(\frac{\partial u}{\partial y} + \frac{\partial v}{\partial z}\right)\right] + \mu\frac{\partial}{\partial z}\left[2\frac{\partial w}{\partial z} - \frac{2}{3}\theta\right] \tag{3.65}$$

Em notação tensorial direta, tem-se:

$$\rho\frac{d\vec{V}}{dt} = \vec{f}''' - \vec{\nabla}p + \frac{\mu}{3}\vec{\nabla}\theta + \mu\nabla^2\vec{V} \tag{3.66}$$

onde ∇^2 é o operador Laplaciano e θ é o divergente da velocidade do fluido, ou seja:

$$\nabla^2 = \left(\frac{\partial^2}{\partial x^2} + \frac{\partial^2}{\partial y^2} + \frac{\partial^2}{\partial z^2}\right) \tag{3.67}$$

$$\theta = \vec{\nabla} \bullet \vec{V} = \frac{\partial u_k}{\partial x_k} = \left(\frac{\partial u}{\partial x} + \frac{\partial v}{\partial y} + \frac{\partial w}{\partial z} \right) \tag{3.68}$$

- **Fluido incompressível e viscosidade constante.**

Neste caso tem-se:

$$\vec{\nabla} \bullet \vec{V} = \frac{\partial u_k}{\partial x_k} = \theta = 0 \tag{3.69}$$

Substituindo pela equação (3.68) na equação (3.66), tem-se:

$$\rho \frac{d\vec{V}}{dt} = \vec{f}''' - \vec{\nabla} p + \mu \nabla^2 \vec{V} \tag{3.70}$$

Expandindo as derivadas da equação anterior, tem-se:

$$\rho \frac{du}{dt} = f_x''' - \frac{\partial p}{\partial x} + \mu \left(\frac{\partial^2 u}{\partial x^2} + \frac{\partial^2 u}{\partial y^2} + \frac{\partial^2 u}{\partial z^2} \right) \tag{3.71}$$

$$\rho \frac{dv}{dt} = f_y''' - \frac{\partial p}{\partial y} + \mu \left(\frac{\partial^2 v}{\partial x^2} + \frac{\partial^2 v}{\partial y^2} + \frac{\partial^2 v}{\partial z^2} \right) \tag{3.72}$$

$$\rho \frac{dw}{dt} = f_z''' - \frac{\partial p}{\partial z} + \mu \left(\frac{\partial^2 w}{\partial x^2} + \frac{\partial^2 w}{\partial y^2} + \frac{\partial^2 w}{\partial z^2} \right) \tag{3.73}$$

- **Fluído incompressível e viscosidade variável.**

Neste caso, tem-se:

$$\mu = f(x, y, z) \quad \text{e} \quad \vec{\nabla} \bullet \vec{V} = \frac{\partial u_k}{\partial x_k} = \theta = 0 \tag{3.74}$$

Substituindo pela equação (3.74) nas equações (3.71), (3.72) e (3.73), tem-se:

$$\rho \frac{du}{dt} = f_x''' - \frac{\partial p}{\partial x} + \frac{\partial}{\partial x}\left[2\mu \frac{\partial u}{\partial x} \right] + \frac{\partial}{\partial y}\left[\mu \left(\frac{\partial u}{\partial y} + \frac{\partial v}{\partial x} \right) \right] + \frac{\partial}{\partial z}\left[\mu \left(\frac{\partial u}{\partial z} + \frac{\partial w}{\partial x} \right) \right] \tag{3.75}$$

$$\rho \frac{dv}{dt} = f_y''' - \frac{\partial p}{\partial y} + \frac{\partial}{\partial x}\left[\mu \left(\frac{\partial v}{\partial x} + \frac{\partial u}{\partial y} \right) \right] + \frac{\partial}{\partial y}\left[2\mu \frac{\partial v}{\partial y} \right] + \frac{\partial}{\partial z}\left[\mu \left(\frac{\partial u}{\partial y} + \frac{\partial v}{\partial z} \right) \right] \tag{3.76}$$

$$\rho \frac{dw}{dt} = f_z''' - \frac{\partial p}{\partial z} + \frac{\partial}{\partial x}\left[\mu\left(\frac{\partial w}{\partial x} + \frac{\partial u}{\partial z}\right)\right] + \\ + \frac{\partial}{\partial y}\left[\mu\left(\frac{\partial u}{\partial y} + \frac{\partial v}{\partial z}\right)\right] + \frac{\partial}{\partial z}\left[2\mu\frac{\partial w}{\partial z}\right] \tag{3.77}$$

As equações (3.75), (3.76) e (3.77) são as equações de Navier-Stokes para um fluído incompressível e viscosidade variável.

3.5 – A equação de conservação da massa e as equações de Navier-Stokes em coordenadas cilíndricas

A dedução das equações de conservação da massa e as equações de Navier-Stokes pode ser feita da mesma maneira que no caso de coordenadas Cartesianas. Uma outra maneira de se obter estas equações em coordenadas cilíndricas é fazendo uso de técnicas de transformação de coordenadas [02]. As mesmas podem também ser encontradas em [03]. Estas equações são reproduzidas a seguir:

Conservação da massa

$$\frac{\partial \rho}{\partial t} + \frac{1}{r}\frac{\partial}{\partial r}(\rho r V_r) + \frac{1}{r}\frac{\partial}{\partial \theta}(\rho V_\theta) + \frac{\partial}{\partial z}(\rho V_z) = 0 \tag{3.78}$$

que também pode ser expressa da seguinte maneira:

$$\frac{\partial \rho}{\partial t} + \rho\left[\frac{1}{r}\frac{\partial (rV_r)}{\partial r} + \frac{1}{r}\frac{\partial V_\theta}{\partial \theta} + \frac{\partial V_z}{\partial z}\right]$$

$$+ v_r \frac{\partial \rho}{\partial r} + \frac{v_\theta}{r}\frac{\partial \rho}{\partial \theta} + v_z \frac{\partial \rho}{\partial z} = 0 \qquad (3.79)$$

Se o fluido for incompressível, então, conforme mencionado anteriormente, o divergente da velocidade deve ser nulo. Lembre-se de que esta é uma condição suficiente e necessária para que o fluido seja incompressível. Neste caso tem-se:

$$\nabla \bullet \vec{V} = \left[\frac{1}{r}\frac{\partial (rV_r)}{\partial r} + \frac{1}{r}\frac{\partial V_\theta}{\partial \theta} + \frac{\partial V_z}{\partial z}\right] = 0 \qquad (3.80)$$

As equações de Navier-Stokes para um fluido incompressível e coordenadas cilíndricas são:

Componente na direção r:

$$\rho\left(\frac{\partial V_r}{\partial t}+V_r\frac{\partial V_r}{\partial r}+\frac{V_\theta}{r}\frac{\partial V_r}{\partial \theta}-\frac{V_\theta^2}{r}+V_z\frac{\partial V_r}{\partial z}\right)=-\frac{\partial p}{\partial r}$$

$$+\mu\left[\frac{\partial}{\partial r}\left(\frac{1}{r}\frac{\partial (rV_r)}{\partial r}\right)+\frac{1}{r^2}\frac{\partial^2 V_r}{\partial \theta^2}-\frac{2}{r^2}\frac{\partial V_\theta}{\partial \theta}+\frac{\partial^2 V_r}{\partial z^2}\right]+\rho * f_r'''$$

(3.81)

Componente na direção θ:

$$\rho\left(\frac{\partial V_\theta}{\partial t}+v_r\frac{\partial V_\theta}{\partial r}+\frac{v_\theta}{r}\frac{\partial V_\theta}{\partial \theta}-\frac{V_r * V_\theta}{r}+v_z\frac{\partial V_\theta}{\partial z}\right)=-\frac{1}{r}\frac{\partial p}{\partial \theta}+$$

$$\mu\left[\frac{\partial}{\partial r}\left(\frac{1}{r}\frac{\partial (rV_\theta)}{\partial r}\right)+\frac{1}{r^2}\frac{\partial^2 V_\theta}{\partial \theta^2}+\frac{2}{r^2}\frac{\partial V_r}{\partial \theta}+\frac{\partial^2 V_\theta}{\partial z^2}\right]+\rho * f_\theta'''$$

(3.82)

Componente na direção z:

$$\rho\left(\frac{\partial V_z}{\partial t}+v_r\frac{\partial V_z}{\partial r}+\frac{v_\theta}{r}\frac{\partial V_z}{\partial \theta}+v_z\frac{\partial V_z}{\partial z}\right)=-\frac{\partial p}{\partial \theta}+$$

$$\mu\left[\frac{1}{r}\frac{\partial}{\partial r}\left(r\frac{\partial V_z}{\partial r}\right)+\frac{1}{r^2}\frac{\partial^2 V_z}{\partial \theta^2}+\frac{\partial^2 V_z}{\partial z^2}\right]+\rho f_z \qquad (3.83)$$

As equações anteriores podem ser expressas da seguinte maneira:

componente r

$$\rho\left(\frac{dV_r}{dt}-\frac{V_\theta^2}{r}\right)=-\frac{\partial p}{\partial r}+$$

$$\mu\left[\frac{\partial}{\partial r}\left(\frac{1}{r}\frac{\partial(rV_r)}{\partial r}\right)+\frac{1}{r^2}\frac{\partial^2 V_r}{\partial \theta^2}-\frac{2}{r^2}\frac{\partial V_\theta}{\partial \theta}+\frac{\partial^2 V_r}{\partial z^2}\right]+\rho f_r''' \qquad (3.84)$$

onde:

$$\frac{dV_r}{dt}=\frac{\partial V_r}{\partial t}+V_r\frac{\partial V_r}{\partial r}+\frac{V_\theta}{r}\frac{\partial V_r}{\partial \theta}+v_z\frac{\partial V_r}{\partial z} \qquad (3.85)$$

componente θ

$$\rho\left(\frac{dV_\theta}{dt}+\frac{V_r\,V_\theta}{r}\right)=-\frac{1}{r}\frac{\partial p}{\partial \theta}+$$

$$\mu\left[\frac{\partial}{\partial r}\left(\frac{1}{r}\frac{\partial (rV_\theta)}{\partial r}\right)+\frac{1}{r^2}\frac{\partial^2 V_\theta}{\partial \theta^2}+\frac{2}{r^2}\frac{\partial V_r}{\partial \theta}+\frac{\partial^2 V_\theta}{\partial z^2}\right]+\rho f_\theta''' \tag{3.86}$$

onde:

$$\frac{dV_\theta}{dt}=\frac{\partial V_\theta}{\partial t}+v_r\frac{\partial V_\theta}{\partial r}+\frac{V_\theta}{r}\frac{\partial V_\theta}{\partial \theta}+v_z\frac{\partial V_\theta}{\partial z} \tag{3.87}$$

componente z

$$\rho\frac{dV_z}{dt}=-\frac{\partial p}{\partial z}+$$

$$\mu\left[\frac{1}{r}\frac{\partial}{\partial r}\left(r\frac{\partial V_z}{\partial r}\right)+\frac{1}{r^2}\frac{\partial^2 V_z}{\partial \theta^2}+\frac{\partial^2 V_z}{\partial z^2}\right]+\rho f_z''' \tag{3.88}$$

onde:

$$\frac{dV_z}{dt} = \frac{\partial V_z}{\partial t} + V_r \frac{\partial V_z}{\partial r} + \frac{V_\theta}{r}\frac{\partial V_z}{\partial \theta} + V_z \frac{\partial V_z}{\partial z} \qquad (3.89)$$

O termo

$$\rho \frac{V_\theta^2}{r} \qquad (3.90)$$

é a força centrífuga. A mesma representa a força efetiva na direção r devido ao movimento do fluido no sentido azimutal (θ). É curioso notar que este termo não precisa ser adicionado às equações anteriores baseando-se em argumentos físicos, pois o mesmo aparece automaticamente ao se fazer a transformação do sistema de coordenadas Cartesianas para cilíndricas.

O termo

$$\rho \frac{V_r V_\theta}{r} \qquad (3.91)$$

é a força de Coriolis. A mesma é uma força na direção r, às vezes denominada, também de força fictícia. Esta força aparece sempre que houver escoamento em ambas as direções θ e r. Analogamente à força centrífuga, este termo aparece automaticamente ao se fazer a transformação do sistema de coordenadas Cartesianas para cilíndricas.

Capítulo 4 – Elementos de Métodos Numéricos

Neste capítulo serão apresentadas algumas técnicas de métodos numéricos que serão usadas posteriormente, neste livro, para a solução de equações que irão surgir no desenvolvimento dos vários temas relacionados com lubrificação e mancais hidrodinâmicos.

4.1 – Solução numérica de sistemas lineares

Um sistema linear de ordem n é um conjunto de equações lineares dado por:

$$\begin{array}{ccccccc} a_{11}x_1 + & a_{12}x_2 + & \cdots & + & a_{1n}x_n & = & b_1 \\ a_{21}x_1 + & a_{22}x_2 + & \cdots & + & a_{2n}x_n & = & b_2 \\ \cdot & & & & \cdot & & \cdot \\ \cdot & & & & \cdot & & \cdot \\ \cdot & & & & \cdot & & \cdot \\ a_{n1}x_1 + & a_{n2}x_2 + & \cdots & + & a_{nn}x_n & = & b_n \end{array} \qquad (4.1)$$

Que pode ser representado matricialmente por:

$$\tilde{A}\vec{x} = \vec{b} \qquad (4.2)$$

onde $\tilde{A}$ é a matriz dos coeficientes:

$$\tilde{A} = \begin{bmatrix} a_{11} & a_{12} & a_{13} & \cdots & a_{1n} \\ . & & & & \\ . & & & & \\ . & & & & \\ . & & & & \\ a_{n1} & a_{n2} & a_{n3} & \cdots & a_{nn} \end{bmatrix} \tag{4.3}$$

$\vec{x} = \left[x_1, x_2, \cdots x_n\right]^T$ é o vetor das incógnitas e $\vec{b} = \left[b_1, b_2 \cdots b_n\right]^T$ é o vetor dos termos independentes

Considere um sistema linear de ordem 2 dado por:

$$x_1 + x_2 = 2 \tag{4.4}$$

$$-x_1 + 2x_2 = 1 \tag{4.5}$$

Somando as duas equações tem-se $3x_2 = 3 \quad \Rightarrow \quad x_2 = 1$. Substituindo o valor de x_2 em qualquer uma das equações acima tem-se $x_1 = 1$. Assim sendo tem-se que a solução desse sistema é dada por

$$\vec{x} = \begin{bmatrix} 1 \\ 1 \end{bmatrix} = \left[1,1\right]^T \tag{4.6}$$

Da equação (4.4) tem-se:

$$x_2 = 2 - x_1 \tag{4.7}$$

Da equação (4.5) tem-se:

$$x_2 = \frac{1}{2}\left[1 + x_1\right] \tag{4.8}$$

Fazendo o gráfico das equações (4.7) e (4.8) no $\Re^2$, tem-se:

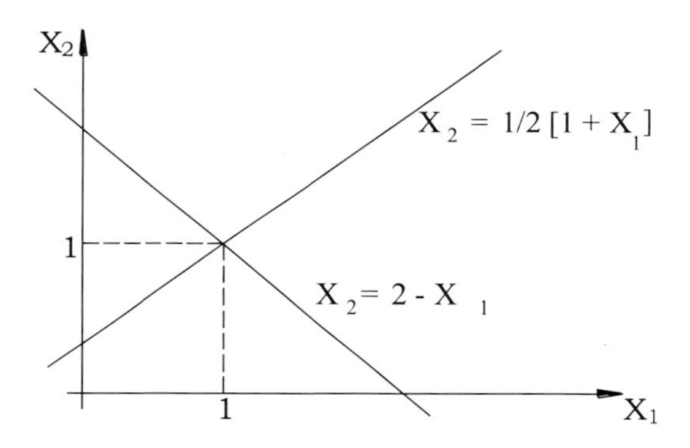

Figura 4.1 - Solução do sistema linear

Como pode ser visto, do ponto de vista geométrico, a solução de um sistema linear de ordem 2 é o conjunto das 2 coordenadas que definem o ponto (único) de interseção das retas representadas pelas equações do sistema. A solução de um sistema de ordem n é o conjunto das n coordenadas que definem o ponto de interseção dos n hiperplanos no $\Re^n$.

4.1.1 - Classificação de sistemas lineares

Um sistema linear nem sempre possui solução. A interpretação geométrica usada no $\Re^2$ pode ser generalizada para a classificação de sistemas de qualquer ordem (desde que finito). Assim sendo, pode-se classificar sistemas lineares em três categorias distintas.

(i) Sistema determinado

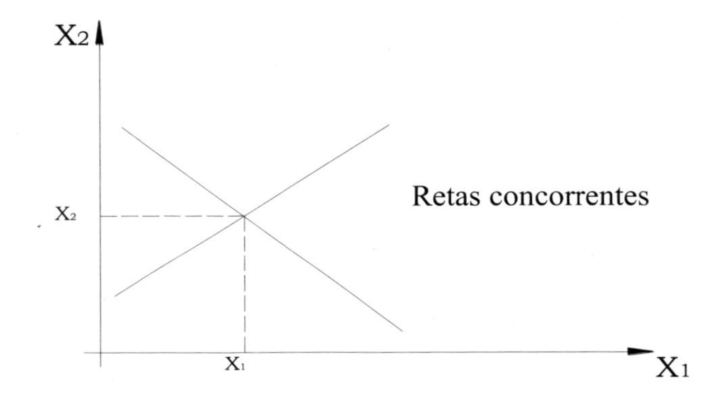

Este tipo de sistema **possui solução única**

(ii) - Sistema inconsistente

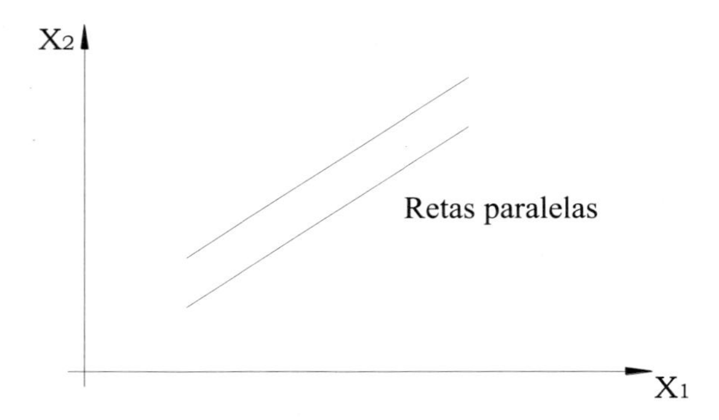

Este tipo de sistema **não possui solução**

(iii) Sistema Indeterminado

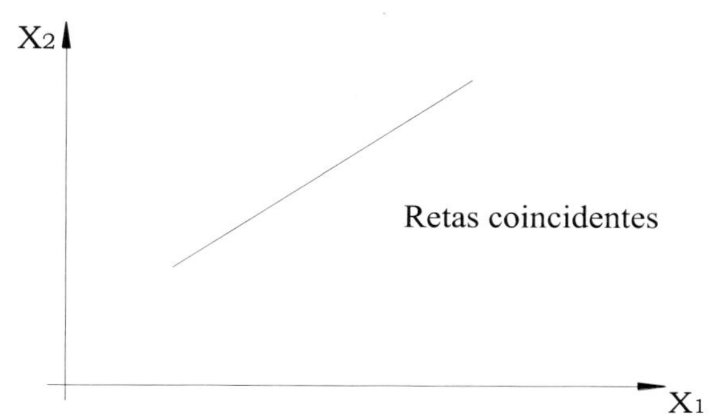

Possui um **número infinito de soluções**

4.1.2 - Métodos diretos de solução de sistemas lineares

Métodos diretos são procedimentos para o cálculo da solução de um sistema linear através de uma metodologia que é matematicamente exata. Porém, é importante salientar, que isto não implica necessariamente que a solução obtida através destes procedimentos seja a solução exata do sistema linear. Como trabalhamos com um numero finito (e relativamente pequeno) de casas decimais, pode haver um truncamento (ou erro) na representação dos números envolvidos e, estes erros, se houver, se acumulam através das muitas operações necessárias para a obtenção da solução do sistema. Devido a este fato, a aplicação de um método direto para a obtenção da solução de um sistema linear não produz necessariamente a solução exata do sistema.

4.1.2.1 - Regra de Cramer

Neste método, a solução do sistema linear é dada por:

$$x_i = \frac{D_i}{D} \quad ; \quad i = 1, 2, \cdots, n \tag{4.9}$$

onde: $D = \det(\tilde{A})$ é o determinante da matriz dos coeficientes.

$D_i = \det(A_i)$ onde $\mathbf{A}_i$ é construída a partir de $\tilde{\mathbf{A}}$, substituindo sua i-ésima coluna pelo vetor dos termos independentes ($\vec{b}$).

Exemplo:

$$\begin{aligned} x_1 + x_2 &= 2 \\ -x_1 + 2x_2 &= 1 \end{aligned} \tag{4.10}$$

Neste caso:

$$\tilde{A} = \begin{pmatrix} 1 & 1 \\ -1 & 2 \end{pmatrix} \quad ; \quad \tilde{A}_1 = \begin{pmatrix} 2 & 1 \\ 1 & 2 \end{pmatrix} \quad ; \quad \tilde{A}_2 = \begin{pmatrix} 1 & 2 \\ -1 & 1 \end{pmatrix} \tag{4.11}$$

$$\vec{x} = (x_1, x_2)^T \quad ; \quad \vec{b} = (2,1)^T \tag{4.12}$$

$$\det(\tilde{A}) = 3 \quad ; \quad \det(\tilde{A}_1) = 3 \quad ; \quad \det(\tilde{A}_2) = 3 \tag{4.13}$$

$$x_1 = \frac{D_1}{D} = \frac{3}{3} = 1 \quad ; \quad x_2 = \frac{D_2}{D} = \frac{3}{3} = 1 \tag{4.14}$$

O determinante de uma matriz de ordem n pode ser obtido pela expansão de Laplace, dada a seguir:

$$\det(\tilde{A}) = \sum_{j=1}^{n} (-1)^{i+1} a_{i,j} \det(\tilde{A}_{i,j}) \tag{4.15}$$

onde i é o índice de uma linha qualquer e $\tilde{A}_{i,j}$ é a matriz obtida de $\tilde{A}$ retirando-se a i-ésima linha e a j-ésima coluna. O número total de operações necessárias para resolver um sistema de ordem n pelo método de Cramer pode ser calculado pela seguinte fórmula [24]:

$$N = (n+1)(A_n + M_n) + n \tag{4.16}$$

onde:

$$\begin{aligned} A_n &= n - 1 + nA_{n-1} \\ M_n &= n + nM_{n-1} \end{aligned} \tag{4.17}$$

n	M_n	A_n	N
2	2	1	11
5	205	119	1349
6	1236	719	13691
.	.	.	.
.	.	.	.
.	.	.	.
25	$\cong 3{,}6.10^{27}$	$\cong 2{,}4.10^{27}$	$\cong 1{,}1.10^{27}$

Tabela 1.1 – Número total de operações usadas na regra de Cramer

Estimando-se em 5 segundos o tempo para efetuar uma operação com uma calculadora, o tempo necessário para resolver um sistema de ordem 6 é:

$$t = \frac{13691 * 5}{3600} \simeq 19 \text{ horas} \tag{4.18}$$

A tabela 1.1 mostra o valor calculado pelas fórmulas anteriores para n variando de 2 a 25. Considerando um computador com uma velocidade média de processamento de 1Gips (1 trilhão de instruções por segundos), para a solução de um sistema de ordem 25, usando o método de Cramer, o tempo necessário seria:

$$t = \frac{1.1 * 10^{27} * 1.0 * 10^{-9}}{3600 * 24 * 30 * 365} \approx 3.48 * 10^{10} \text{ anos!} \tag{4.19}$$

$\approx$ **35 bilhões de anos !!!**

Conclusão: o método de Cramer **é** inviável para sistemas de grande porte.

4.1.2.2 - Eliminação de Gauss

Um sistema linear (de ordem 3, para simplificar a álgebra) da forma

$$\begin{bmatrix} a_{11} & a_{12} & a_{13} \\ 0 & a_{22} & a_{23} \\ 0 & 0 & a_{nn} \end{bmatrix} \begin{bmatrix} x_1 \\ x_2 \\ x_3 \end{bmatrix} = \begin{bmatrix} b_1 \\ b_2 \\ b_3 \end{bmatrix} \tag{4.20}$$

onde $a_{ii} \neq 0$; $i = 1, 2, 3$ é dito um sistema triangular (devido a seu formato). A solução deste sistema é dada pela fórmula de recorrência (ou "back substitution"):

$$x_n = \frac{bn}{a_{nn}} \tag{4.21}$$

$$x_i = \frac{1}{a_{ii}} \left[b_i - \sum_{\substack{i=1 \\ j \neq i}}^{N} a_{ij} x_j \right] \quad ; \quad i = (n-1), (n-2), \cdots, 1 \tag{4.22}$$

O método de Eliminação de Gauss é uma maneira sistemática de transformar um sistema linear qualquer em um sistema triangular equivalente. Este método faz uso da seguinte propriedade de álgebra linear:

"A solução de um sistema linear não se altera se subtrairmos de uma equação qualquer outra equação do sistema multiplicada por uma constante".

Algoritmo para triangularização de um sistema de ordem 3.

Dado:

$$\begin{bmatrix} a_{11} & a_{12} & a_{13} \\ a_{21} & a_{22} & a_{23} \\ a_{31} & a_{32} & a_{33} \end{bmatrix} \begin{bmatrix} x_1 \\ x_2 \\ x_3 \end{bmatrix} = \begin{bmatrix} b_1 \\ b_2 \\ b_3 \end{bmatrix} \tag{4.23}$$

Constroi-se a matriz aumentada:

$$\begin{pmatrix} a_{11} & a_{12} & a_{13} & b_1 \\ a_{21} & a_{22} & a_{23} & b_2 \\ a_{31} & a_{32} & a_{33} & b_3 \end{pmatrix} \tag{4.24}$$

$$\begin{aligned} l_1 &= l_1 \\ l_2 &= a_{11} l_2 - a_{21} l_1 \\ l_3 &= a_{11} l_3 - a_{31} l_1 \end{aligned} \quad \rightarrow \quad \begin{bmatrix} a_{11} & a_{12} & a_{13} & b_1 \\ & a_{22}^{(1)} & a_{23}^{(1)} & b_2^{(1)} \\ & a_{32}^{(1)} & a_{33}^{(1)} & b_3^{(1)} \end{bmatrix} \tag{4.25}$$

$$\begin{aligned} l_1 &= l_1 \\ l_2 &= l_2 \\ l_3 &= a_{22}^{(1)} l_3 - a_{32}^{(1)} l_2 \end{aligned} \quad \rightarrow \quad \begin{bmatrix} a_{11} & a_{12} & a_{13} & b_1 \\ & a_{22}^{(1)} & a_{23}^{(1)} & b_2^{(1)} \\ & & a_{33}^{(2)} & b_3^{(2)} \end{bmatrix} \tag{4.26}$$

O número total de operações necessário para a solução de um sistema de ordem n é

$$N = \frac{4n^3 + 9n^2 - 7n}{6} \tag{4.27}$$

A tabela 1.2 mostra o número de operações necessárias para a solução de um sistema linear por eliminação de Gauss para algumas ordens.

n	2	3	4	5	6	20
N	9	28	62	115	191	5910

Tabela 1.2 - Número de operações necessárias pelo método de eliminação de Gauss

Para resolver um sistema de ordem 20, com este método, usando o mesmo computador (1GIP) é necessário um tempo de processamento de:

$$t = 5.91 \times 10^{-9} = 7.0 \times 10^{-5} \text{ s !!!}$$

4.1.3 - Métodos iterativos de solução de sistemas lineares

Considere um sistema linear determinado de ordem n dado por:

$$\tilde{A}\vec{x} = \vec{b} \tag{4.28}$$

Com solução exata dada por $\vec{x}^*$.

4.1.3.1 – Gauss-Seidel

O método iterativo de Gauss Seidel consiste em calcular uma seqüência de aproximações

$$\vec{x}^{(1)}, \vec{x}^{(2)}, \cdots, \vec{x}^{(k)}, \cdots \tag{4.29}$$

da solução exata $\vec{x}^*$, a partir de uma estimativa inicial $\vec{x}^{(0)}$, através da fórmula

$$x_i^{(k)} = \frac{1}{a_{ii}}\left[b_i - \sum_{j=1}^{i-1} a_{ij}\, x_j^{(k)} - \sum_{j=i+1}^{n} a_{ij} x_j^{(k-1)} \right] \quad ; \quad i = 1, 2, \cdots, n \tag{4.30}$$

Critério de parada

O processo iterativo deve parar quando k=K, onde K é o nível de iteração tal que:

$$\frac{\left| x_i^{(K)} - x_i^{(K-1)} \right|}{\left| x_i^{(K)} \right| + \in} < \delta \quad ; \quad i = 1, 2, \cdots, n \tag{4.31}$$

onde: δ é um número positivo inversamente proporcional à precisão desejada; $\in$ é um número bem pequeno ($\in << \delta$) usado para evitar divisão por zero.

Exemplo numérico

$$\begin{aligned} 5x_1 + 3x_2 &= 15 \\ -4x_1 + 10x_2 &= 19 \end{aligned} \qquad (4.32)$$

com $\vec{x}^{(0)} = (0,0)^T$, $\delta = 0.005$. Neste caso, tem-se:

$$x_1^{(k)} = \frac{1}{5}\left[15 - 3x_2^{(k-1)}\right] \qquad (4.33)$$

$$x_2^{(k)} = \frac{1}{10}\left[19 + 4x_1^{(k)}\right] \qquad (4.34)$$

k=1 ; $\left[x_1^{(0)} = 0;\ x_2^{(0)} = 0\right]$

$$➔ \quad \begin{aligned} x_1^{(1)} &= \frac{1}{5}\left[15 - 3(0)\right] = 3.000 \\ x^{(2)} &= \frac{1}{10}\left[19 + 4(3.000)\right] = 3.000 \end{aligned} \qquad (4.35)$$

k=2 ; $\left[x_1^{(1)} = 3.000\ ;\ x_2^{(1)} = 3.100\right]$

$$➔ \quad \begin{aligned} x_1^{(2)} &= \frac{1}{5}\left[15 - 3(3.100)\right] = 1.140 \\ x_2^{(2)} &= \frac{1}{10}\left[19 - 4(1.140)\right] = 2.356 \end{aligned} \qquad (4.36)$$

$$\mathbf{k=5} \quad ; \quad \vec{x}^{(5)} = \left[x_1^{(5)} = 1.505 \ ; \quad x_2^{(5)} = 2.502 \right]$$

$$\mathbf{k=6} \quad ; \quad \vec{x}^{(6)} = \left[x_1^{(6)} = 1.499 \ ; \ x_2^{(6)} = 2.500 \right]$$

$$\frac{\left| x_1^{(6)} - x_1^{(5)} \right|}{\left| x_1^{(6)} \right| + \varepsilon} \cong 0.004 < \delta \qquad \text{e} \qquad \frac{\left| x_2^{(6)} - x_2^{(5)} \right|}{\left| x_2^{(6)} \right| + \varepsilon} \cong 0.0008 < \delta \tag{4.37}$$

Assume-se convergência e termina-se o processo iterativo. Neste caso, a solução obtida foi:

$$\vec{x} = (1.499, \ 2.500)^T \tag{4.38}$$

A solução exata é:

$$\vec{x}^* = (1.500, \ 2.500)^T \tag{4.39}$$

Uma interpretação geométrica do processo iterativo é dada a seguir:

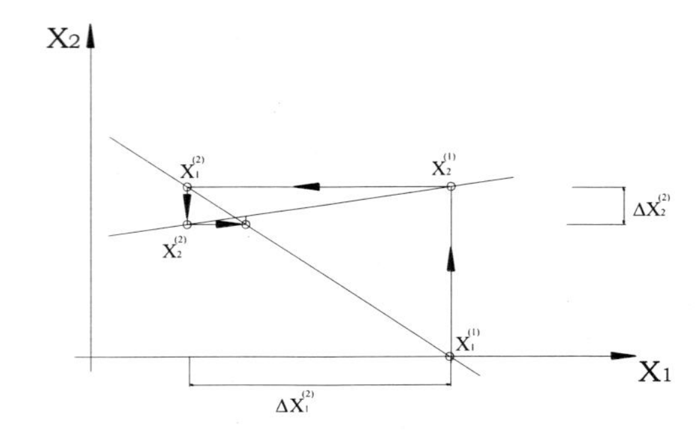

Considere o mesmo sistema linear, porém com a ordem das linhas trocadas:

$$\begin{aligned} -4x_1 + 10x_2 &= 19 \\ 5x_1 + 3x_2 &= 15 \end{aligned} \qquad (4.40)$$

$$\rightarrow \quad \begin{aligned} x_1^{(k)} &= -\frac{1}{4}\left[19 - 10x_2^{(k-1)}\right] \\ x_2^{(k)} &= -\frac{1}{3}\left[15 - 5x_1^{(k)}\right] \end{aligned} \qquad (4.41)$$

com a seguinte estimativa inicial $\vec{x}^{(0)} = (0,0)^T$ e o critério de parada $\delta = 0.005$

k=1 ; $\vec{x}^{(0)} = \left[x_1^{(0)} = 0,\ x_2^{(0)} = 0\right]$

$$\rightarrow \quad \begin{aligned} x_1^{(1)} &= \frac{-1}{4}\left[19 - 10.0\right] = -4.750 \\ x_2^{(1)} &= \frac{1}{3}\left[15 - 5(-4.750)\right] = 12.917 \end{aligned} \qquad (4.42)$$

k=2 ; $\vec{x}^{(1)} = \left[x_1^{(1)} = -4.750\ ;\ x_2^{(1)} = 12.917\right]$

$$\rightarrow \quad \begin{aligned} x_1^{(2)} &= \frac{-1}{4}\left[19 - 10(12.917)\right] = 27.543 \\ x_2^{(2)} &= \frac{-1}{3}\left[15 - 5(27.543)\right] = -40.905 \end{aligned} \qquad (4.43)$$

Como pode ser visto pelo exemplo anterior, uma simples troca na ordem das linhas do sistema linear original ocasionou uma divergência no método de solução do sistema linear por Gauss-Seidel, ou seja o método de Gauss-Seidel não pode ser aplicado para a solução desse sistema se a ordem das linhas for trocada. Isto implica dizer que existem restrições para a solução de sistemas lineares através do método de Gaus-Seidel. Como podemos saber apriori se um sistema linear pode ou não ser resolvido por Gaus-Seidel, e como será visto posteriormente, por qualquer método iterativo de solução? Na realidade existem critérios que respondem a essa pergunta, este tema será abordado no capítulo 4.1.3.3.

4.1.3.2 - O método da relaxação

Considere o método de Gauss-Seidel dado por:

$$x_i^{(k+1)} = \frac{1}{a_{ii}}\left[b_i - \sum_{j=1}^{i-1} a_{ij} x_j^{(k+1)} - \sum_{j=i+1}^{n} a_{ij} x_j^{(k)} \right] \tag{4.44}$$

Pode-se definir o incremento em Δx_i dado pela k-ésima iteração através da equação:

$$\Delta x_i^{(k+1)} = x_i^{(k+1)} - x_i^{(k)} \tag{4.45}$$

Neste processo iterativo existem (no $\Re^2$) dois tipos de convergência, como ilustrado nas figuras 4.2 e 4.3

(i) Convergência Alternada

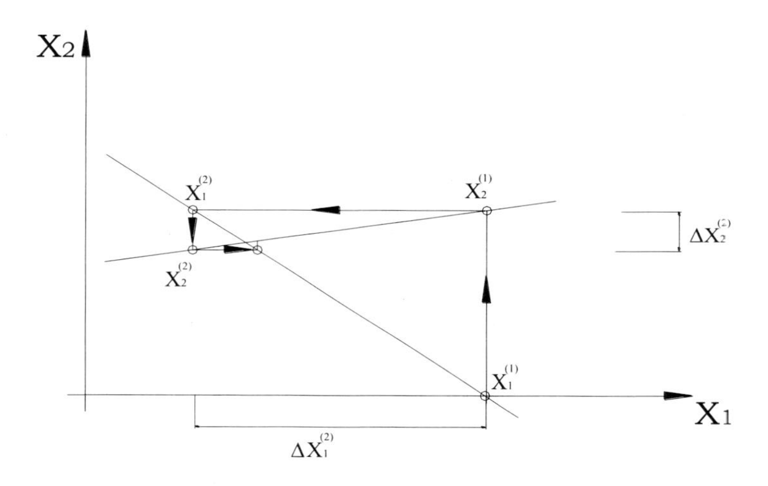

Figura 4.2 - Convergência alternada

Como pode ser observado:

- no caso de convergência alternada, os incrementos $\Delta x_i^{(k)}$ dados por Gauss-Seidel são maiores que o necessário.

- no caso de convergência monotônica, os incrementos $\Delta x_i^{(k)}$ são menores que o necessário.

Este problema pode ser "atenuado" se multiplicarmos o incremento $\Delta x_i^{(k)}$ dado por Gauss-Seidel por um fator β (chamado de coeficiente de relaxação). O valor de β varia, dependendo do tipo de convergência em questão:

Convergência alternada ➔ $\beta < 1$

Convergência monotônica ➔ $\beta > 1$

(ii) Convergência Monotônica

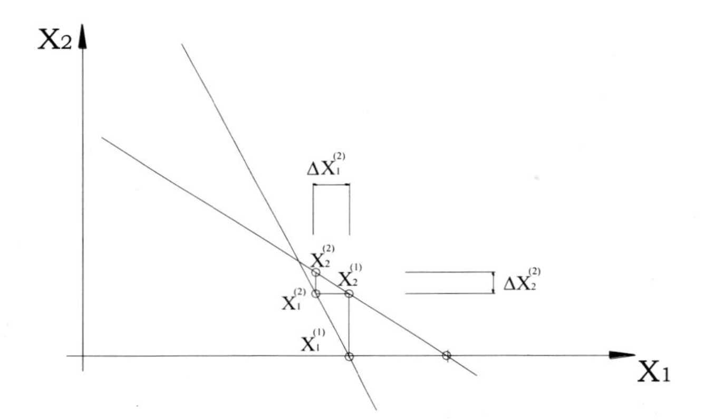

Figura 4.3 - Convergência monotônica

O valor do i-ésimo componente do vetor $\vec{X}$ dado pela k-ésima iteração, calculado pelo método da relaxação, é:

$$x_i^{(k+1)} = x_i^{(k)} + \beta\left[x_i^{\otimes} - x_i^{(k)} \right] \quad (4.46)$$

onde $x_i^{\otimes}$ é o valor de x_i, dado pela k-ésima iteração de Gauss – Seidel, ou seja;

$$x_i^{\otimes} = \frac{1}{a_{ii}}\left[b_i - \sum_{j=1}^{i-1} a_{ij}x_j^{(k+1)} - \sum_{b=i+1}^{n} a_{ij}x_j^{(k)}\right] \tag{4.47}$$

Três casos distintos ocorrem:

$\beta < 1$	Sub Relaxação
$\beta = 1$	Gauss-Seidel
$\beta > 1$	Sobre-Relaxação (SOR)

Como pode ser visto, o método de Gauss-Seidel é um caso particular do método da relaxação.

4.1.3.3 - Critérios de convergência

Como é de se esperar, um método iterativo de solução não pode ser usado para a obtenção da solução de um sistema linear arbitrário. Para que haja convergência do processo iterativo é necessário que a matriz dos coeficientes do sistema linear obedeça a certos critérios, dados a seguir.

Critério das linhas: Uma condição suficiente, mas não necessária para garantir a convergência do método de Gauss-Seidel e conseqüentemente também do método da relaxação é o critério das linhas. Dado um sistema linear determinado de ordem n, com todos os elementos da diagonal não nulos, então o processo iterativo sempre converge por Gauss-Seidel se o valor dos elementos das diagonais forem maior em módulo que a soma em módulo de todos os outros elementos da linha correspondente, ou seja:

$$\sum_{\substack{j=1 \\ j \neq i}}^{n} \left| a_{ij} \right| < \left| a_{ii} \right| \quad , \quad i = 1,2,3,\ldots,n \tag{4.48}$$

Exemplo 1: Considere o sistema linear anterior

$$\begin{aligned} 5x_1 + 3x_2 &= 8 \\ -3x_1 + 5x_2 &= 2 \end{aligned} \tag{4.49}$$

É fácil verificar que este sistema satisfaz o critério das linhas e portanto pode ser resolvido por métodos iterativos. Porém, se a ordem das linhas for trocada, conforme mostrado a seguir

$$\begin{aligned} -3x_1 + 5x_2 &= 2 \\ 5x_1 + 3x_2 &= 8 \end{aligned} \tag{4.50}$$

o mesmo não satisfaz o critério das linhas. Este detalhe pode ser de grande importância do ponto de vista prático. Dado um sistema linear arbitrário, às vezes é necessário reordenar a seqüência das linhas para que o mesmo possa ser resolvido por métodos iterativos.

Um outro critério, menos rigoroso, para testar a viabilidade da aplicação de métodos iterativos para a solução de sistemas lineares é dado a seguir.

Critério de Sassenfeld: Para estabelecer este critério é necessário o cálculo dos valores de $\beta_1, \beta_2, \ldots, \beta_n$, obtidos através da recorrência:

$$\beta_1 = \left|\frac{1}{a_{11}}\right| \sum_{j=2}^{n} \left|a_{ij}\right|$$

$$\beta_i = \left|\frac{1}{a_{ii}}\right| \left[\sum_{j=1}^{i-1} \left|a_{ij}\right| \beta_j + \sum_{j=i+1}^{n} \left|a_{ij}\right| \right] \tag{4.51}$$

Seja

$$M = \max \left\{ \beta_i \right\} \quad , \quad 1 \le i \le n$$

a condição M < 1 é suficiente, mas não necessária, para que as aproximações obtidas por métodos iterativos convirjam para a solução do sistema linear em questão.

Exemplo 2: Considere o seguinte sistema linear

$$\begin{aligned} 5x_1 + 2x_2 + 1x_3 &= 8 \\ 2x_1 + 5x_2 - 3x_3 &= 4 \\ 4x_1 - 3x_2 + 5x_3 &= 6 \end{aligned} \tag{4.52}$$

Este sistema não satisfaz o critério das linhas. Isto pode ser visto de imediato observando a terceira linha. Aplicando o critério de Sassenfeld, tem-se:

$$\beta_1 = \left|\frac{1}{a_{11}}\right| \sum_{j=2}^{3} \left|a_{ij}\right| = \frac{1}{5}\left[\ |2| + |1|\ \right] = \frac{3}{5} \tag{4.53}$$

$$\beta_2 = \left|\frac{1}{a_{22}}\right| \left[\sum_{j=1}^{1} \left|a_{21}\right| \beta_j + \sum_{j=3}^{3} \left|a_{23}\right| \right] = \frac{1}{5}\left[2 \times \frac{3}{5} + 3 \right] = \frac{21}{25} \tag{4.54}$$

$$\beta_3 = \left|\frac{1}{a_{33}}\right| \left[\sum_{j=1}^{2} \left|a_{3j}\right| \beta_j \right] = \frac{1}{5}\left[4 \times \frac{3}{5} + 3 \times \frac{21}{25} \right] = \frac{123}{125} \tag{4.55}$$

Como pode ser visto M < 1 e, portanto, este sistema satisfaz o critério de Sassenfeld e pode ser resolvido por métodos iterativos. Um outro critério de convergência para métodos iterativos é dado a seguir:

Matriz positiva definida e simétrica: Qualquer sistema linear cuja matriz dos coeficientes seja simétrica e positiva definida, pode ser resolvido por métodos iterativos [36].

4.1.3.4 - Aspectos formais da convergência de métodos iterativos

Dado um sistema linear determinado de ordem n

$$\tilde{A}\vec{x} = b \tag{4.56}$$

com elementos da diagonal não-nulos $(a_{ii} \neq 0)$, pode-se decompor a matriz dos coeficientes $(\tilde{A})$ da seguinte maneira:

$$\tilde{A} = \tilde{D} - \tilde{L} - \tilde{U} \tag{4.57}$$

onde: $\tilde{D}$ contém os elementos da diagonal.

$\tilde{L}$ contém os elementos abaixo da diagonal multiplicados por -1.

$\tilde{U}$ contem os elementos acima da diagonal multiplicados por -1.

Exemplo: Considere a seguinte matriz

$$\tilde{A} = \begin{pmatrix} 1 & 2 & 3 \\ 4 & 5 & 6 \\ 7 & 8 & 9 \end{pmatrix} \tag{4.58}$$

Neste caso tem-se:

$$\tilde{D} = \begin{pmatrix} 1 & 0 & 0 \\ 0 & 5 & 0 \\ 0 & 0 & 9 \end{pmatrix} \; ; \; \tilde{L} = \begin{pmatrix} 0 & 0 & 0 \\ -4 & 0 & 0 \\ -7 & -8 & 0 \end{pmatrix} \; ; \; \tilde{U} = \begin{pmatrix} 0 & -2 & -3 \\ 0 & 0 & -6 \\ 0 & 0 & 0 \end{pmatrix} \tag{4.59}$$

Qualquer método iterativo para a solução de sistemas lineares pode ser expresso por:

$$\vec{x}^{(k+1)} = \tilde{H}\vec{x}^{(k)} + \vec{g} \tag{4.60}$$

onde: $\tilde{H}$ é uma matriz quadrada da mesma ordem que $\tilde{A}$, e é função de $\tilde{D}$, $\tilde{L}$ e $\tilde{U}$.

$\vec{g}$ é um vetor da mesma ordem que $\vec{b}$, e é função de $\tilde{D}$, $\tilde{L}$, $\tilde{U}$ e $\vec{b}$.

O método de Jacobi

Neste método, o valor da variável x_i dado pela k-ésima iteração é:

$$x_i^{(k+1)} = \frac{1}{a_{ii}} \left[b_i - \sum_{\substack{j=1 \\ j \neq i}}^{n} a_{ij} x_j^{(k)} \right] \tag{4.61}$$

que pode ser representado por:

$$\vec{x}^{(k+1)} = \tilde{D}^{-1} \left[\vec{b} + (\tilde{L} + \tilde{U}) \vec{x}^{(k)} \right] \tag{4.62}$$

$$\vec{x}^{(k+1)} = \tilde{D}^{-1}(\tilde{L}+\tilde{U})\vec{x}^{(k)} + \tilde{D}^{-1}\vec{b} \quad (4.63)$$

Neste caso:

$$\tilde{H} = \tilde{D}^{-1}(\tilde{L}+\tilde{U}) \quad ; \quad \vec{g} = \tilde{D}^{-1}\vec{b} \quad (4.64)$$

O método de Gauss-Seidel

Neste método, o valor de x_i dado pela k-ésima iteração é:

$$x_i^{(k+1)} = \frac{1}{a_{ii}}\left[b_i - \sum_{j=1}^{i-1} a_{ij}x_j^{(k+1)} - \sum_{j=i+1}^{n} a_{ij}x_j^{(k)}\right] \quad (4.65)$$

$$\Rightarrow \quad \vec{x}^{(k+1)} = \tilde{D}^{-1}\left[\vec{b} + \tilde{L}\vec{x}^{(k+1)} + \tilde{U}x^{(k)}\right]$$

$$\rightarrow \quad \vec{x}^{(k+1)} = \tilde{D}^{-1}\vec{b} + \tilde{D}^{-1}\tilde{L}\vec{x}^{(k+1)} + \tilde{D}^{-1}\tilde{U}\vec{x}^{(k)} \quad (4.66)$$

Multiplicando os dois lados por $\tilde{D}$ e passando $x^{(k+1)}$ para o lado esquerdo, tem-se:

$$(\tilde{D}-\tilde{L})\vec{x}^{(k+1)} = \tilde{U}\vec{x}^{(k)} + \vec{b} \quad (4.67)$$

$$\rightarrow \quad \vec{x}^{(k+1)} = (\tilde{D}-\tilde{L})^{-1}\tilde{U}\vec{x}^{(k)} + (\tilde{D}-\tilde{L})^{-1}\vec{b} \quad (4.68)$$

Neste caso tem-se:

$$\tilde{H}_{GS} = (\tilde{D} - \tilde{L})^{-1}\,\tilde{U} \quad ; \quad \vec{g}_{GS} = (\tilde{D} - \tilde{L})^{-1}\,\vec{b} \tag{4.69}$$

O Método da relaxação

Neste caso tem-se:

$$\vec{x}^{(k+1)} = \vec{x}^{(k)} + \beta\left[\vec{x}_{GS}^{(k+1)} - \vec{x}^{(k)}\right]$$

$$= (1-\beta)\tilde{I}x^{(k)} + \beta\left[(\tilde{D} - \tilde{L})^{-1}\,\tilde{U}\vec{x}^{(k)} + (\tilde{D} - \tilde{L})^{-1}\,\vec{b}\right] \tag{4.70}$$

$$\Rightarrow \quad \vec{x}^{(k+1)} = \left[(1-\beta)\tilde{I} + \beta(\tilde{D} - \tilde{L})^{-1}\,\tilde{U}\right]\vec{x}^{(k)} + \beta(\tilde{D} - \tilde{L})^{-1}\,\vec{b} \tag{4.71}$$

Ou seja:

$$\tilde{H}_R = \left[(1-\beta)\tilde{I} + \beta(\tilde{D} - \tilde{L})^{-1}\,\tilde{U}\right] \quad ; \quad \vec{g}_R = \beta(\tilde{D} - \tilde{L})^{-1}\,\vec{b} \tag{4.72}$$

Seja $\vec{x}^*$ a solução exata de um sistema linear determinado de ordem n. O valor de $\vec{x}$ dado pela k-ésima iteração de algum processo iterativo de solução pode ser expresso da seguinte maneira:

$$\vec{x}^{(k+1)} = \tilde{H}\vec{x}^{(k)} + \vec{g} \tag{4.73}$$

Seja $\vec{e}^{(k)}$ a diferença (erro) entre $\vec{x}^{(k)}$ e $\vec{x}^*$, ou seja:

$$\vec{e}^{(k)} = \vec{x}^* - \vec{x}^{(k)} \tag{4.74}$$

para k = 1, tem-se:

$$\vec{e}^{(1)} = \vec{x}^* - \vec{x}^{(1)} \tag{4.75}$$

Substituindo por $\vec{x}^*$ e $\vec{x}^{(1)}$ em (4.73) e substituindo de volta em (4.75), tem-se:

$$\begin{aligned}\vec{e}^{(1)} &= (\tilde{H}\vec{x}^* + \vec{g}) - (\tilde{H}\vec{x}^{(0)} + \vec{g}) \\ &= \tilde{H}(\vec{x}^* - \vec{x}^{(0)}) = \tilde{H}\vec{e}^{(0)} = \vec{e}^{(1)}\end{aligned} \tag{4.76}$$

para k = 2, tem-se:

$$\begin{aligned}\vec{e}^{(2)} &= \vec{x}^* - \vec{x}^{(2)} \\ &= (\tilde{H}\vec{x}^* + \vec{g}) - (\tilde{H}\vec{x}^{(1)} + \vec{g})\end{aligned} \tag{4.77}$$

$$\rightarrow \quad \vec{e}^{(2)} = \tilde{H}(\vec{x}^* - \vec{x}^{(1)}) = \tilde{H}\vec{e}^{(1)} = \vec{e}^{(2)} \tag{4.78}$$

Substituindo por $\vec{e}^{(1)}$ em $\vec{e}^{(2)}$ tem-se:

$$\vec{e}^{(2)} = \tilde{H}\left[\tilde{H}\vec{e}^{(0)}\right] = \left[\tilde{H}\right]^2 \vec{e}^{(0)} \tag{4.79}$$

Continuando este processo para k = 3, 4, ..., n, tem-se:

$$\vec{e}^{(n)} = \left[\tilde{H}\right]^{n} \vec{e}^{(0)} = \vec{x}^{*} - \vec{x}^{(n)} \tag{4.80}$$

Obviamente, o processo iterativo converge se e somente se:

$$\lim_{n\to\infty}\left\{\vec{e}^{(n)}\right\} = \lim_{n\to\infty}\left\{\tilde{H}^{n}\vec{e}^{(0)}\right\} = \vec{0} \tag{4.81}$$

Teorema: Dado uma matriz $\tilde{A}$, quadrada de ordem n, então o limite

$$\lim_{n\to\infty}\left\{\tilde{A}^{n}\vec{x}\right\} = 0 \tag{4.82}$$

Se e somente se $\rho(\tilde{A}) < 1$. Onde $\rho(\tilde{A})$ é o raio espectral de $\tilde{A}$, definido como:

$$\rho(\tilde{A}) = \max\left|\lambda_i\right| \quad ; \qquad i = 1,2,\cdots,n \tag{4.83}$$

e λ_i são os autovalores de $\tilde{A}$. Uma matriz de ordem 2 pode ter 2 autovetores linearmente independentes.

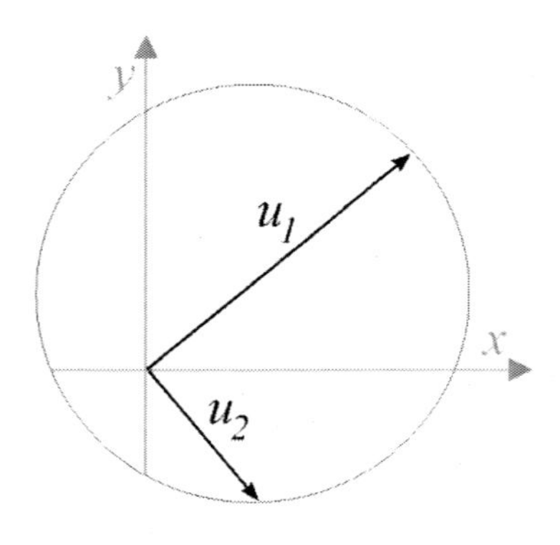

Figura 4.4 - Representação dos autovetores

Assim sendo, pode-se dizer que um método iterativo qualquer dado por:

$$\vec{x}^{(k+1)} = \tilde{H}\vec{x}^{(k)} = \vec{g} \tag{4.84}$$

Converge se e somente se todos os autovalores da matriz $\tilde{H}$ forem menor que 1 em **módulo:**

$$\rightarrow \quad \left|\lambda_i\right| < 1 \quad ; \quad i = 1, 2, \cdots, n \tag{4.85}$$

Exemplo: Considere o seguinte sistema linear

$$\begin{aligned} x_1 - \frac{1}{2}x_2 + 0x_3 &= 0 \\ -\frac{1}{2}x_1 + x_2 - \frac{1}{2}x_3 &= 0 \\ 0x_1 - \frac{1}{2}x_2 + x_3 &= 2 \end{aligned} \tag{4.86}$$

$$\tilde{A} = \begin{pmatrix} 1 & 0.5 & 0 \\ -0.5 & 1 & -1 \\ 0 & -0.5 & 1 \end{pmatrix} \quad ; \quad \vec{b} = \begin{pmatrix} 0 \\ 0 \\ 2 \end{pmatrix} \tag{4.87}$$

$$\tilde{D} = \begin{pmatrix} 1 & 0 & 0 \\ 0 & 1 & 0 \\ 0 & 0 & 1 \end{pmatrix} \; ; \; \tilde{L} = \begin{pmatrix} 1 & 0 & 0 \\ 0.5 & 0 & 0 \\ 0 & 0.5 & 1 \end{pmatrix} \; ; \; \tilde{U} = \begin{pmatrix} 0 & 0.5 & 0 \\ 0 & 0 & 0.5 \\ 0 & 0 & 1 \end{pmatrix}$$

(4.88)

A matriz de incidência ($\tilde{H}$) do sistema para o método iterativo de Jacobi é dada por:

$$\tilde{H}_J = (\tilde{D} + \tilde{L})^{-1}\,\tilde{U} = \begin{pmatrix} 1 & 0.5 & 0 \\ 0.5 & 1 & 0.5 \\ 0 & 0.5 & 1 \end{pmatrix} \tag{4.89}$$

Neste caso

$$\left|\lambda_{max}\right| = 0.5 \quad \Rightarrow \quad \rho(\tilde{H}_J) = 0.5 \tag{4.90}$$

A matriz $\tilde{H}$ do método de Gauss-Seidel é dada por:

$$\tilde{H}_{GS} = (\tilde{D} - \tilde{L})^{-1}\,\tilde{U} = \begin{pmatrix} 0 & 0.500 & 0 \\ 0 & 0.250 & 0.500 \\ 0 & 0.125 & 0.250 \end{pmatrix} \tag{4.91}$$

neste caso o raio espectral da matriz $\tilde{H}$ é:

$$\left|\lambda_{max}\right| = 0.25 \quad \Rightarrow \quad \rho(\tilde{H}_{GS}) = 0.25 \tag{4.92}$$

Para este sistema linear, ambos os métodos de Jacobi e Gauss-Seidel ambos convergem! Note que:

$$\rho\,(\tilde{H}_{GS}) = \left[\,\rho\,(\tilde{H}_J)\,\right]^2 \tag{4.93}$$

O que significa que a velocidade de convergência de um método iterativo é inversamente proporcional ao raio espectral de $\tilde{H}$. Isto implica que quanto menor o raio espectral de $\tilde{H}$ maior é a velocidade de convergência do método iterativo.

Em vista das considerações expostas anteriormente chega-se a algumas conclusões interessantes:

- Um método iterativo de solução de sistemas lineares converge à solução do sistema tão mais rápido quanto menor for o raio espectral da matriz de incidência ($\tilde{H}$);
- O método da relaxação, conforme explicado, consiste na inclusão de um fator de aceleração do processo iterativo. Isto quer dizer, então, que este fator diminui o raio espectral da matriz $\tilde{H}$;

- O fator ótimo de relaxação é aquele que minimiza o raio espectral da matriz $\tilde{H}$;

- Qualquer método iterativo que tenha uma matriz $\tilde{H}$ cujo raio espectral é maior ou igual à um não converge.

Verificando a terceira conclusão acima pode-se verificar que é possível calcular algebricamente o fator ótimo de relaxação para a solução de um sistema linear determinado. Para tanto é necessário calcular a matriz de incidência ($\tilde{H}$) que é função de beta e em seguida calcular seus autovalores que serão também função de beta. Porém, do ponto de vista prático isto não e viável para sistemas de porte moderado. Isto se deve ao fato de que tanto o calculo algébrico da matriz $\tilde{H}$ assim como o cálculo de seu raio espectral ambos são extremamente complexos.

O que se faz na pratica é calcular o fator ótimo de relaxação numericamente. Sabe-se [20, 25 e 36] que o valor do mesmo deve estar entre 0 e 2. Dado um sistema linear é então possível resolvê-lo pelo método da relaxação usando vários valores para beta dentro desse intervalo e anotar o respectivo número de iterações necessárias para convergência. O valor de beta que com o qual o método iterativo converge com o menor número de iterações possível, é o fator ótimo de relaxação.

4.2 – Solução numérica de sistemas não lineares

Neste capítulo será abordado o método de Newton-Raphson para a solução de sistemas de equações algébricas não lineares. Considere um sistema de equações algébricas, dado por:

$$\begin{aligned} f_1(x_1, x_2, \cdots, x_n) &= b_1 \\ f_2(x_1, x_2, \cdots, x_n) &= b_2 \\ &\vdots \\ f_n(x_1, x_2, \cdots, x_n) &= b_n \end{aligned} \tag{4.94}$$

que pode ser expresso em forma matricial da seguinte maneira:

$$\vec{f}(\vec{x}) = \vec{b} \tag{4.95}$$

onde

$$\vec{f} = (f_1, f_2, \cdots, f_n)^T$$
$$\vec{x} = (x_1, x_2, \cdots, x_n)^T \tag{4.96}$$
$$\vec{b} = (b_1, b_2, \cdots, b_n)^T$$

O método de Newton-Raphson para a solução de sistemas de equações algébricas pode ser desenvolvido através de uma série de Taylor de primeira ordem. A equação (4.95) pode ser expressa da seguinte maneira:

$$\vec{H}(\vec{x}) = \vec{f}(\vec{x}) - \vec{b} = \vec{0} \tag{4.97}$$

A equação acima representa um sistema de equações algébricas homogêneas. Para que esta equação seja satisfeita é necessário encontrar um vetor $\vec{x}^*$ tal que:

$$\vec{H}(\vec{x}^*) = \vec{0} \tag{4.98}$$

O método de Newton-Raphson constrói uma seqüência $\vec{x}^{(1)}, \vec{x}^{(2)}, \cdots, x^{(k)}, \cdots$ de aproximações da solução exata $\vec{x}^*$ do sistema. Suponha que a equação homogênea dada pela equação (4.98) com os valores de x dados pela (k+1)-ésima iteração possa ser expressa por uma série de Taylor de primeira ordem, da seguinte maneira:

$$\vec{H}^{(k+1)} = \vec{H}^{(k)} + \frac{\partial \vec{H}}{\partial \vec{x}}(\vec{x}^{(k)} - \vec{x}^{(k-1)}) \qquad (4.99)$$

Assumindo que $\vec{x}^{(k+1)}$ satisfaça a equação homogênea, ou seja:

$$\vec{H}^{(k+1)} = \vec{H}(\vec{x}^{(k+1)}) = \vec{0} \qquad (4.100)$$

Então, da equação (4.99), tem-se que:

$$\vec{H}^{(k+1)} = \vec{H}^{(k)} + \frac{\partial \vec{H}}{\partial \vec{x}}(\vec{x}^{(k)} - \vec{x}^{(k-1)}) = \vec{0} \qquad (4.101)$$

reordenando a equação (4.101), tem-se:

$$\frac{\partial \vec{H}}{\partial \vec{x}}(\vec{x}^{(k)} - \vec{x}^{(k-1)}) = -\vec{H}^{(k)} \qquad (4.102)$$

Adotando a seguinte convenção $\Delta\vec{x}^{(k)} = (\vec{x}^{(k)} - \vec{x}^{(k-1)})$ e substituindo na equação (4.102), tem-se:

$$\left[\frac{\partial \vec{H}}{\partial \vec{x}}\right]\Delta\vec{x}^{(k)} = -\vec{H}^{(k)} \qquad (4.103)$$

A equação (4.103) representa um sistema linear cujas incógnitas são as variáveis do vetor $\vec{x}$ dadas pela k-ésima iteração do método de Newton-Raphson para sistemas. O primeiro termo da equação anterior é a matriz Jacobiana do sistema, dada por:

$$\left[\frac{\partial \vec{H}}{\partial \vec{x}}\right] = \begin{bmatrix} \frac{\partial f_1}{\partial x_1} & \frac{\partial f_1}{\partial x_2} & \frac{\partial f_1}{\partial x_3} & \cdots & \frac{\partial f_1}{\partial x_n} \\ \frac{\partial f_2}{\partial x_1} & \frac{\partial f_2}{\partial x_1} & \frac{\partial f_2}{\partial x_3} & \cdots & \frac{\partial f_2}{\partial x_n} \\ & \vdots & & & \\ \frac{\partial f_n}{\partial x_1} & \frac{\partial f_n}{\partial x_2} & \frac{\partial f_n}{\partial x_3} & \cdots & \frac{\partial f_n}{\partial x_n} \end{bmatrix} \quad (4.104)$$

A solução do sistema dado pela equação (4.98) pode então ser calculada através de sucessivas soluções do sistema linear dado (4.103). O valor da aproximação da solução dado pela k-ésima iteração é:

$$\vec{x}^{(k)} = \vec{x}^{(k-1)} + \Delta x^{(k)} \quad (4.105)$$

onde $\Delta x^{(k)}$ é o vetor solução do sistema linear dado pela equação (4.103). O processo iterativo é efetuado M vezes, onde M é um valor tal que;

$$\sum_{\lambda=1}^{n} \left| \frac{x_\lambda^{(M)} - x_\lambda^{(M-1)}}{x_\lambda^{(M)} + \varepsilon} \right| < \delta \qquad (4.106)$$

Onde, como mencionado anteriormente, δ é um número positivo e pequeno, cujo valor é inversamente proporcional à precisão desejada e ε é um número bem pequeno para evitar divisão por zero. Para evitar que o processo entre num laço infinito é necessário estipular um número máximo de iterações. Seja K_{max} este número, então o critério de parada para o processo iterativo é:

$$\sum_{\lambda=1}^{n} \left| \frac{x_\lambda^{(k)} - x_\lambda^{(k-1)}}{x_\lambda^{(k)} + \varepsilon} \right| < \delta \quad \text{ou} \quad k \geq K_{max} \qquad (4.107)$$

O método de Newton-Raphson desenvolvido anteriormente serve para resolver sistemas de equações não lineares. Porém, é importante observar que o mesmo serve, também, para resolver sistemas de equações lineares. Neste caso a matriz Jacobiana do sistema coincide com a matriz dos coeficientes de um sistema linear.

4.3 - Zero de funções

Considere uma função $f(x)$ definida num intervalo $[a, b]$. Às vezes é necessário conhecer valores de x nos quais a função dada assume valor nulo, ou seja deseja-se conhecer valores da raiz desta função no intervalo em questão. Isto implica dizer que deseja-se encontrar um valor (ou valores) $x^* \in [a,b]$ tal que $f(x^*) = 0$. Existem diversos métodos numéricos para a solução deste tipo de problema. Neste capítulo serão abordados apenas dois: o método da bissecção e o método de Newton-Raphson

4.3.1 – O método da bissecção

Considere uma função $f(x)$ definida num intervalo (x_{min}, x_{max}). Se $f(x)$ for contínua no intervalo e se o produto $f(x_{min}) * f(x_{max}) < 0$, então sabe-se que esta função possui pelo menos uma raiz neste intervalo. O método da bissecção constrói uma seqüência de intervalos que contém a raiz da função e estes intervalos diminuem em tamanho a cada iteração.

Em primeiro lugar calcula-se os limites do intervalo dado pela primeira iteração:

$$x_{min}^{(0)} = x_{min} \quad ; \quad x_{max}^{(0)} = x_{max} \tag{4.108}$$

Em seguida calcula-se o valor de x dado pela primeira iteração:

$$x^{(0)} = \frac{x_{min}^{(0)} + x_{max}^{(0)}}{2} \tag{4.109}$$

e o seguinte produto:

$$f(x_{min}^{(0)}) * f(x^{(0)}) \tag{4.110}$$

Na seguinte iteração, novos valores do intervalo e da variável x são novamente calculados, da seguinte maneira:

$$f(x_{min}^{(0)}) * f(x^{(0)}) \begin{cases} < 0 \Rightarrow x_{min}^{(1)} = x_{min}^{(0)} \text{ e } x_{max}^{(1)} = x^{(0)} \\ \\ > 0 \Rightarrow x_{min}^{(1)} = x^{(0)} \text{ e } x_{max}^{(1)} = x_{max}^{(0)} \end{cases} \tag{4.111}$$

$$x^{(1)} = \frac{x_{min}^{(1)} + x_{max}^{(1)}}{2} \tag{4.112}$$

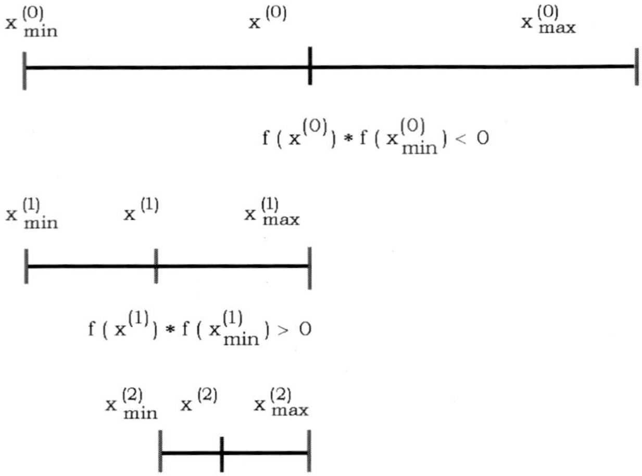

$x_{min}^{(0)}$ $x^{(0)}$ $x_{max}^{(0)}$

$f(x^{(0)}) * f(x_{min}^{(0)}) < 0$

$x_{min}^{(1)}$ $x^{(1)}$ $x_{max}^{(1)}$

$f(x^{(1)}) * f(x_{min}^{(1)}) > 0$

$x_{min}^{(2)}$ $x^{(2)}$ $x_{max}^{(2)}$

Figura 4.5 – Interpretação geométrica do algoritmo de bissecção

E assim por diante. O valor do intervalo dado pela k-ésiam iteração é calculado em função do valor do produto da função nos valores de x calculados na iteração anterior:

$$f(x_{min}^{(0)}) * f(x^{(0)}) \begin{cases} < 0 \Rightarrow x_{min}^{(k)} = x_{min}^{(k-1)} \text{ e } x_{max}^{(k)} = x^{(k-1)} \\ \\ > 0 \Rightarrow x_{min}^{(k)} = x^{(k-1)} \text{ e } x_{max}^{(k)} = x_{max}^{(k-1)} \end{cases}$$

(4.113)

E o valor da variável x dado pela k-ésima iteração é dado por:

$$x^{(k)} = \frac{x_{min}^{(k)} + x_{max}^{(k)}}{2} \tag{4.114}$$

O processo iterativo para quando:

$$\left| f(x^{(K)}) \right| < \delta \qquad \text{ou} \qquad K \geq K_{max} \tag{4.115}$$

Onde, como mencionado anteriormente, δ é um número positivo (pequeno) cujo valor é inversamente proporcional à precisão desejada. Uma interpretação geométrica deste algoritmo é esquematizada na figura 4.5.

4.3.2 – O método de Newton-Raphson

Considere uma função $f(x)$ definida num intervalo (x_{min}, x_{max}). Se $f(x)$ for contínua no intervalo e se o produto $f(x_{min}) * f(x_{max}) < 0$, sabe-se, então, que esta função possui pelo menos uma raiz neste intervalo. Seja x^* o valor de x tal que:

$$f(x^*) = 0 \qquad \text{e} \qquad x^* \in (x_{min}, x_{max}) \tag{4.116}$$

O método de Newton-Raphson constrói uma seqüência de aproximações de x^* a partir de uma estimativa inicial $x^{(0)}$, através da fórmula:

$$x^{(k+1)} = x^{(k)} - \frac{f(x^{(k)})}{\left(\frac{df}{dx}\right)_{x=x^{(k)}}} \tag{4.117}$$

A expressão pode ser obtida pela aproximação do valor de x dada pela k-ésima iteração através de uma fórmula de Taylor de primeira ordem. Isto pode ser visto facilmente. Considere a seguinte aproximação:

$$f(x^{(k+1)}) \cong f(x^{(k)}) + \left[x^{(k+1)} - x^{(k)}\right]\left(\frac{df}{dx}\right)_{x=x^{(k)}} \tag{4.118}$$

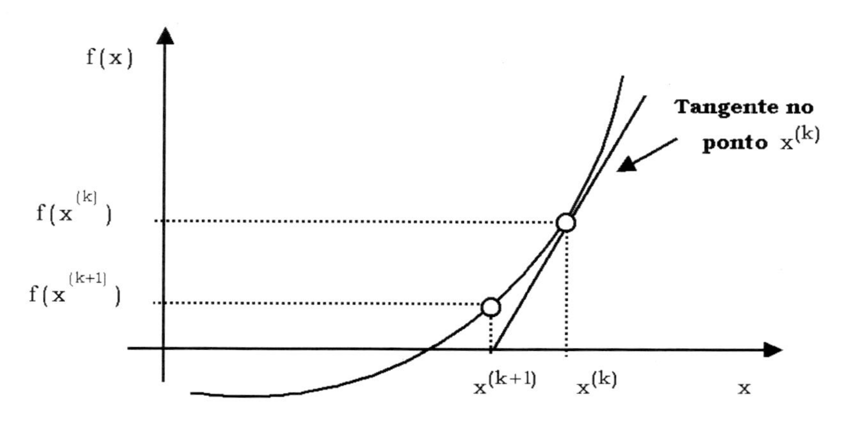

Figura 4.6 – Interpretação geométrica do método de Newton-Raphson

Assumindo que a expressão acima seja igual a zero, tem-se:

$$f(x^{(k+1)}) \approx f(x^{(k)}) + \left[x^{(k+1)} - x^{(k)} \right] \left(\frac{df}{dx} \right)_{x=x^{(k)}} = 0 \quad (4.119)$$

Reordenando a expressão (4.119), obtem-se a equação (4.117). Este método é às vezes, também, denominado de método de projeção das tangentes. Uma interpretação geométrica deste método é dada na figura 4.6

4.3.3 – O método de Newton-Raphson para sistemas

Considere um sistema de equações algébricas homogêneas, dado por:

$$\begin{aligned} f_1(x_1, x_2, \cdots, x_n) &= 0 \\ f_2(x_1, x_2, \cdots, x_n) &= 0 \\ &\vdots \\ f_n(x_1, x_2, \cdots, x_n) &= 0 \end{aligned} \tag{4.120}$$

Este tipo de problema é análogo ao problema da solução de sistemas não lineares discutido no capítulo 4.2. Na realidade este problema é um caso particular do problema anterior para quando o vetor independente (lado direito da equação) é nulo ($\vec{b} = 0$). A mesma metodologia discutida no capítulo 4.2 pode ser usada para resolver problemas desta natureza.

Conforme mencionado no capítulo 4.2, o método de Newton-Raphson desenvolvido anteriormente serve, também, para resolver sistemas homogêneos de equações lineares e neste caso a matriz Jacobiana do sistema coincide com a matriz dos coeficientes de um sistema linear homogêneo.

4.4 – Solução numérica de equações de derivadas parciais

Existem diversos métodos para a solução de equações de derivadas parciais, porém os dois métodos a seguir são talvez os mais populares e tem sido usado com sucesso na área de lubrificação e mancais hidrodinâmicos: diferenças finitas e elementos finitos.

4.4.1 - O método das diferenças finitas

Para tornar o material aqui exposto mais voltado para o tema do livro (mancais hidrodinâmicos) faremos o desenvolvimento do método das diferenças finitas voltado para a solução da equação de Reynolds. É importante ter em mente, portanto, que este método pode ser aplicado para a solução de qualquer equação diferencial.

O primeiro passo para aplicar o método das diferenças finitas é a discretização do domínio. Considere um problema de lubrificação cuja superfície de deslizamento (aqui denominada de domínio) é definida por:

$$0 \leq x \leq L_x \quad ; \quad 0 \leq z \leq L_z \qquad (4.121)$$

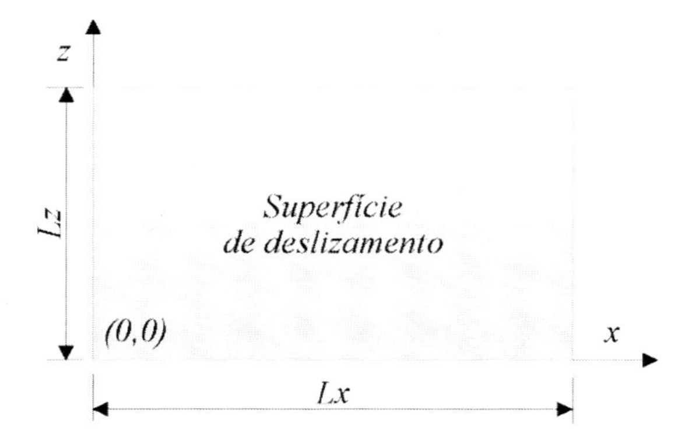

Figura 4.7 - Domínio do problema

Pode-se dividir este domínio em I_x pontos na direção x, e I_z pontos na direção z. Desta maneira, obtém-se um espaço discreto com I_x X I_z pontos. Neste novo domínio, a posição de qualquer ponto na malha é dada por:

$$(x,z)_{ij} = \left[(i-1)\Delta x, (j-1)\Delta z \right] \quad ; \; i = 1,2,\cdots,I_x \;, \; j = 1,2,\cdots,I_z \qquad (4.122)$$

onde :

$$\Delta x = \frac{L_x}{(I_x - 1)} \quad ; \quad \Delta z = \frac{L_z}{(I_z - 1)} \qquad (4.123)$$

A pressão nestes pontos também pode ser representada analogamente

$$p(x,z)_{i,j} = p\left[(i-1)\Delta x, (j-1)\Delta z \right] \qquad (4.124)$$

Para facilitar a nomenclatura, usa-se $p_{i,j}$ para representar a pressão no ponto $\left[(i-1)\Delta x, (j-1)\Delta z \right]$. As pressões nos pontos vizinhos podem ser calculadas por séries de Taylor:

$$p_{i+1,j} = p_{i,j} + \frac{\partial p}{\partial x}\Delta x + \frac{\partial^2 p}{\partial x^2}\frac{\Delta x^2}{2!} + E_1(\Delta x^3) \qquad (4.125)$$

$$p_{i-1,j} = p_{i,j} - \frac{\partial p}{\partial x}\Delta x + \frac{\partial^2 p}{\partial x^2}\frac{\Delta x^2}{2!} + E_2(\Delta x^3) \qquad (4.126)$$

onde $E_1(\Delta x^3)$ e $E_2(\Delta x^3)$ significam erros de truncamento de terceira ordem. Subtraindo $p_{i-1,j}$ de $p_{i+1,j}$, tem-se:

$$p_{i+1,j} - p_{i-1,j} = 2\frac{\partial p}{\partial x}\Delta x + \theta(\Delta x^3) \qquad (4.127)$$

Dividindo os dois lados da equação acima por $2\Delta x$ tem-se:

$$\frac{\partial p}{\partial x} = \frac{p_{i+1,j} - p_{i-1,j}}{2\Delta x} + \frac{\theta(\Delta x^3)}{\Delta x} \quad \Rightarrow \quad \theta(\Delta x^2) \qquad (4.128)$$

Nas 2 equações anteriores a letra θ significa "da ordem de", ou seja $\theta(\Delta x^2)$ significa um erro da ordem de Δx^2. Desprezando o erro $\theta(\Delta x^2)$, tem-se :

$$\frac{\partial p}{\partial x} \simeq \frac{p_{i+1,j} - p_{i-1,j}}{2\Delta x} \qquad (4.129)$$

A equação anterior é uma aproximação para $\frac{\partial p}{\partial x}$. A mesma é chamada de diferença central e tem **um erro de 2ª ordem.** Considere a seguinte expressão

$$p_{i+1,j} = p_{i,j} + \frac{\partial p}{\partial x}\Delta x + E(\Delta x^2) \qquad (4.130)$$

Dividindo por Δx, tem-se:

$$\frac{\partial p}{\partial x} = \frac{p_{i+1,j} - p_{i,j}}{\Delta x} + \theta(\Delta x) \qquad (4.131)$$

desprezando $\theta(\Delta x)$ tem-se:

$$\frac{\partial p}{\partial x} \simeq \frac{p_{i+1,j} - p_{i,j}}{\Delta x} \qquad (4.132)$$

A expressão anterior é uma aproximação de $\frac{\partial p}{\partial x}$ com erro de primeira ordem, chamada diferença lateral. Somando as equações (4.125) e (4.126) tem-se:

$$p_{i+1,j} + p_{i-1,j} = 2p_{i,j} + \frac{\partial^2 p}{\partial x^2}\Delta x^2 + \theta(\Delta x^4) \qquad (4.133)$$

Dividindo os dois lados por Δx^2, tem-se:

$$\frac{\partial^2 p}{\partial x^2} = \frac{p_{i+1,j} - 2p_{i,j} + p_{i-1,j}}{\Delta x^2} + \theta(\Delta x^2) \qquad (4.134)$$

$$\rightarrow \quad \frac{\partial^2 p}{\partial x^2} \cong \frac{p_{i+1,j} - 2p_{i,j} + p_{i-1,j}}{\Delta x^2} \qquad (4.135)$$

Analogamente, pode-se aproximar as derivadas no sentido z e também para as outras variáveis (h). Desenvolvendo as derivadas da equação de Reynolds, tem-se:

$$\frac{3h^2}{12\mu}\left(\frac{\partial h}{\partial x}\right)\left(\frac{\partial p}{\partial x}\right)+\frac{h^3}{12\mu}\left(\frac{\partial^2 p}{\partial x^2}\right)+\frac{3h^2}{12\mu}\left(\frac{\partial h}{\partial z}\right)\left(\frac{\partial p}{\partial z}\right)+$$

$$\frac{h^3}{12\mu}\left(\frac{\partial^2 p}{\partial z^2}\right)=\frac{U}{2}\left(\frac{\partial h}{\partial x}\right)+\frac{\partial h}{\partial t} \quad (4.136)$$

Multiplicando os dois lados da equação por $\frac{12\mu}{3h^2}$ obtém-se:

$$\left(\frac{\partial h}{\partial x}\right)\left(\frac{\partial p}{\partial x}\right)+\frac{h}{3}\left(\frac{\partial^2 p}{\partial x^2}\right)+\left(\frac{\partial h}{\partial z}\right)\left(\frac{\partial p}{\partial z}\right)+\frac{h}{3}\left(\frac{\partial^2 p}{\partial z^2}\right)=$$

$$\frac{2\mu U}{h^2}\left(\frac{\partial h}{\partial x}\right)+\frac{4\mu}{h^2}\frac{\partial h}{\partial t} \quad (4.137)$$

Substituindo pelas aproximações das derivadas na equação anterior, tem-se:

$$\left(\frac{h_{i+1,j}-h_{i-1,j}}{2\Delta x}\right)\left(\frac{p_{i+1,j}-p_{i-1,j}}{2\Delta x}\right)+\frac{h_{i,j}}{3}\left(\frac{p_{i+1,j}-2p_{i,j}+p_{i-1,j}}{\Delta x^2}\right)+$$

$$\left(\frac{h_{i,j+1}-h_{i,j-1}}{2\Delta z}\right)\left(\frac{p_{i,j+1}-p_{i,j-1}}{2\Delta z}\right)+\frac{h_{i,j}}{3}\left(\frac{p_{i,j+1}-2p_{i,j}+p_{i,j-1}}{\Delta z^2}\right)=$$

$$\frac{2\mu U}{h_{i,j}^2}\left(\frac{h_{i+1,j}-h_{i-1,j}}{2\Delta x}\right)+\frac{4\mu}{h_{i,j}^2}\frac{\partial h}{\partial t}$$

(4.138)

A equação anterior pode ser expressa da seguinte maneira:

$$p_{i,j}=\frac{\left[C_e\,p_{i-1,j}+C_d\,p_{i+1,j}+C_i\,p_{i,j-1}+C_s\,p_{i,j+1}+C_c\right]}{D}$$

(4.139)

A equação (4.139) representa um sistema de equações algébricas de ordem $I_x \times I_z$ equações, onde as incógnitas são as pressões nos pontos da malha (ou domínio discretizado).

A solução deste sistema linear através das técnicas de solução de sistemas lineares discutidas anteriormente, juntamente com a imposição das condições de contorno do problema em questão, fornecerá o valor da pressão em todos os pontos da malha, que é exatamente a solução da equação de Reynolds. Este ponto será elucidado em detalhe no capítulo 7.3.

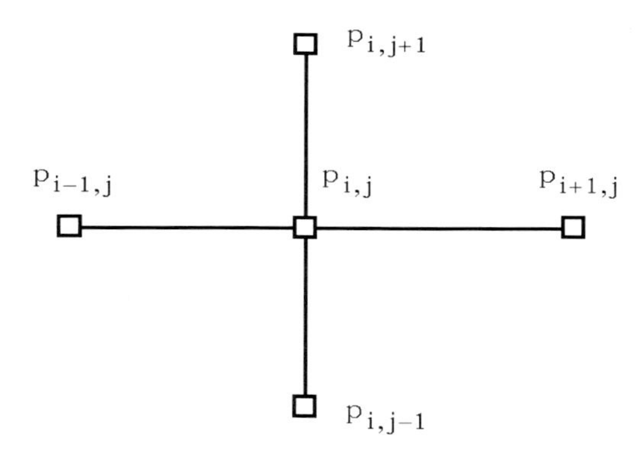

Figura 4.8 - Molécula computacional

A figura 4.8, denominada de molécula computacional, é um esquema geométrico que ajuda visualizar como o valor da pressão num determinado ponto é calculado em função do valor da pressão em outros pontos adjacentes da malha.

4.4.2 - O método dos elementos finitos

A maioria dos problemas de mecânica dos meios contínuos pode também ser formulado através de equações diferenciais que podem ser expressas da seguinte maneira:

$$L(\phi) - f = 0 \tag{4.140}$$

onde f é uma função das variáveis independentes, ϕ é a função solução do problema e L é um operador diferencial, não necessariamente linear.

Exemplo 1: operador diferencial de 1ª ordem em 1D

$$L(\ ) = \frac{d(\ )}{dx} \tag{4.141}$$

Exemplo 2: operador de Laplace

$$L(\ ) = \frac{\partial^2(\ )}{\partial x^2} + \frac{\partial^2(\ )}{\partial y^2} + \frac{\partial^2(\ )}{\partial z^2} \tag{4.142}$$

Exemplo 3: Operador bi-harmônico em 2 dimensões

$$L(\ ) = \frac{\partial^4(\ )}{\partial x^4} + 2\frac{\partial^4(\ )}{\partial x^2 \partial y^2} + \frac{\partial^4(\ )}{\partial y^4} \tag{4.143}$$

Uma grande quantidade de operadores diferenciais de 2a ordem com n variáveis independentes pode ser expressa por:

$$L(\ ) = \sum_{i=1}^{n} a_i \frac{\partial^2(\ )}{\partial x_i^2} + \sum_{i=1}^{n} b_i \frac{\partial(\ )}{\partial x_i} + (\ )c + d \tag{4.144}$$

A solução geral de um problema da mecânica dos meios contínuos devidamente expresso por uma equação diferencial pode ser resolvido, se conseguirmos encontrar uma função ϕ que satisfaça a igualdade representada pela equação diferencial.

A maioria dos problemas da mecânica dos meios contínuos pode também ser resolvida através de uma formulação integral (ao invés de diferencial). Neste caso, a integral (aqui chamada de funcional) representa alguma propriedade característica do problema em questão.

Exemplo 1: Elasticidade linear.

$$I = \underbrace{\frac{1}{2}\int_{\forall} \left[\left[\tilde{\delta}\right]\left[B\right]\left[C\right]\left[B\right]\left\{\tilde{\delta}\right\}\right] d\forall}_{\text{energia de deformação}} - \tag{4.145}$$

$$\underbrace{\int_{\forall} \left[F^*\right]\left\{\tilde{\delta}\right\} d\forall}_{\text{devido a componentes externos}} - \underbrace{\int_{S} \left[T^*\right]\left\{\tilde{\delta}\right\} ds}_{\text{Forças de supeficies}}$$

onde $\tilde{\delta} = \{u, v, w\}$; $\{E\} = [B]\{\tilde{\delta}\}$

Em elasticidade linear, dado um campo de forças de superfície e forças devido a campos externos atuando em um sólido, de todos os campos de deslocamento possíveis, aquele que satisfaz as condições de equilíbrio estável maximiza a energia potencial total do sólido.

Exemplo 2: Termodinâmica clássica

Para um sistema isolado, um estado de equilíbrio estável é aquele em que a entropia do sistema é máxima.

$$I = \int_{\forall} s \, d\forall \qquad (4.146)$$

O estado termodinâmico que maximiza o funcional anterior é o estado de solução do problema em questão.

Exemplo 3: Dinâmica dos Fluídos

(a) Fluído incompressível com viscosidade nula (inviscido) e irrotacional

$$\vec{\nabla} \bullet \vec{V} = 0 \quad \text{e} \quad \vec{\nabla} \times \vec{V} = \vec{0} \qquad (4.147)$$

o estado de equilíbrio estável é aquele em que a energia cinética é mínima.

(b) Para escoamentos irreversíveis (com atrito)

Um dos postulados da termodinâmica dos processos irreversíveis diz que um estado de equilíbrio estável é aquele em que a taxa de geração de entropia é mínima.

$$I = \dot{S} = \int_{\forall} \dot{s}\, d\forall \tag{4.148}$$

Minimizando o funcional anterior, obtém-se a solução do problema em questão.

O primeiro passo na aplicação do Método dos Elementos Finitos é a construção de um funcional [23] que:

- Contenha as variáveis de interesse (ex: elasticidade linear $\overline{\delta} = \{u, v, w\}$);
- Tenha um significado físico tal que minimizado ou maximizado obtém-se a solução do problema.

Porém, nem sempre é possível construir um funcional diretamente a partir de princípios físicos; neste caso, existem três enfoques que podem ser usados:

- Consulta a livros que possam ter o problema em questão e o princípio variacional equivalente;

- Manipulação matemática através de métodos variacionais;

- Usar derivadas de Frechet para testar a existência do princípio variacional.

Através de manipulação matemática:

$$\int_A \delta p \left[\vec{\nabla} \bullet \left(\frac{h^3}{12\mu} \vec{\nabla} p \right) - \frac{U}{2} \frac{\partial h}{\partial x} \right] dA \qquad (4.149)$$

é possível mostrar (23) que o funcional da equação de Reynolds é:

$$I = \int \left\{ \frac{h^3}{24\mu} \left[\left(\frac{\partial p}{\partial x} \right)^2 + \left(\frac{\partial p}{\partial z} \right)^2 \right] + \frac{U}{2} \left(\frac{\partial h}{\partial x} \right) p \right\} dA \qquad (4.150)$$

A minimização do funcional anterior fornecerá a solução da equação de Reynolds. Ao invés de minimizar o funcional no domínio todo, pode-se fazê-lo em subdomínios (chamados de elementos). Cada elemento terá uma geometria definida e contém um número finito de pontos (chamados de nós).

Dentro de cada elemento pode-se expressar a pressão ou espessura de filme h por uma função em x e z. Esta função é denominada de função de interpolação. O caso mais simples é o de uma função de interpolação polinomial.

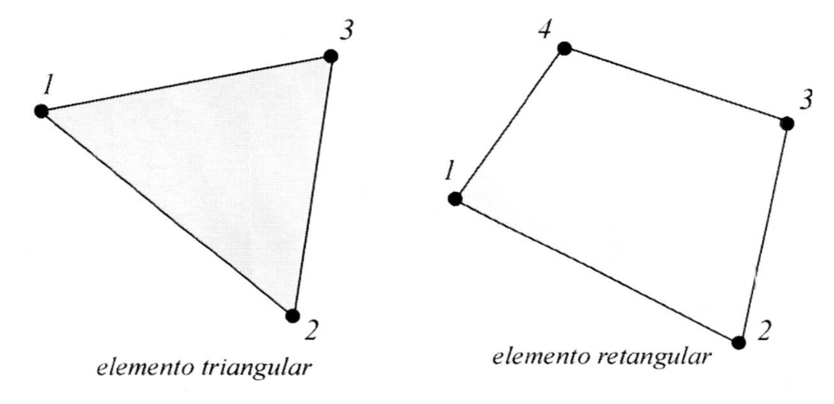

Figura 4.9 – Tipos de elementos

$$p^{(e)} = \sum_{i=1}^{r} \sum_{j=1}^{s} \alpha_{ij} x^{(i-1)} z^{j-1} \tag{4.151}$$

os coeficientes da equação anterior podem ser determinados através da solução do sistema linear dado a seguir:

$$p^{(e)}\left[x_k, z_k\right] = \sum_{i=1}^{r} \sum_{j=1}^{s} \alpha_{ij} x_k^{(i-1)} z_k^{j-1} \quad ; \quad k = 1, 2, \cdots, k \tag{4.152}$$

onde $\left[x_k, z_k\right]$ são as coordenadas do k-ésimo nó e K o número total de nós do elemento. Para que o sistema linear anterior seja determinado é necessário que:

$$\left[r\,x\,s\right] \leq k \tag{4.153}$$

Os coeficientes da função de interpolação (α_{ij}) são funções das coordenadas nodais e pressões nodais. É possível reordenar a equação (4.152) e obter uma expressão do tipo:

$$p^{(e)} = \sum_{k=1}^{K} N_k(x,z)p_k \tag{4.154}$$

Os coeficientes anteriores (N_k) são independentes da pressão, e na verdade, servem para expressar a variação de qualquer propriedade dentro do elemento. Por exemplo:

$$h^{(e)} = \sum_{k=1}^{K} N_k(x,z)h_k \tag{4.155}$$

Substituindo por $p^{(e)}$ e $h^{(e)}$ no funcional, tem-se:

$$I^{(e)} = \int_A \left\{ \frac{1}{24\mu}\left[\left(\sum_{k=1}^{k} N_k h_k\right)^3\right] \times \left[\left(\sum_{k=1}^{k} \frac{\partial N_k}{\partial x} p_k\right)^2 + \left(\sum_{k=1}^{k} \frac{\partial N_k}{\partial z} p_k\right)^2\right] + \left[\frac{U}{2}\left(\sum_{k=1}^{k} \frac{\partial N_k}{\partial x} h_k\right)\left(\sum_{k=1}^{k} N_k p_k\right)\right] \right\} dA$$

(4.156)

Para que o funcional anterior seja mínimo é necessário que:

$$\frac{\partial I^{(e)}}{\partial p_j} = 0 \quad ; \quad j = 1, 2, \cdots, K \qquad (4.157)$$

Diferenciando o funcional anterior e igualando-o a zero, tem-se:

$$\int_A \left\{ \frac{1}{12\mu}\left[\left(\sum_{k=1}^{k} N_k h_k\right)^3\right] \times \left[\sum_{k=1}^{k} \frac{\partial N_k}{\partial x}\frac{\partial N_j}{\partial x} p_k + \sum_{k=1}^{k} \frac{\partial N_k}{\partial z}\frac{\partial N_j}{\partial z} p_k\right] + \left[\frac{U}{2}\left(\sum_{k=1}^{k} \frac{\partial N_k}{\partial x} h_k\right) N_j\right] \right\} dA = 0$$

(4.158)

Trocando a ordem da somatória e da integral e notando o fato que $\rho_k \neq f(x, z)$, obtem-se:

$$\sum_{k=1}^{k} M_{jk}^{(e)} p_k = F_j^{(e)} \tag{4.159}$$

onde:

$$M_{jk} = \int_A \left\{ \frac{1}{12\mu} \left[\left(\sum_{k=1}^{k} N_k h_k \right)^3 \right] \left[\frac{\partial N_k}{\partial x} \frac{\partial N_j}{\partial x} + \frac{\partial N_k}{\partial z} \frac{\partial N_j}{\partial z} \right] \right\} dA \tag{4.160}$$

A expressão anterior é denominada de matriz de rigidez do sistema .

$$F_j^{(e)} = -\int_A \left[\frac{U}{2} \left(\sum_{k=1}^{k} \frac{\partial N_k}{\partial x} h_k \right) N_j \right] dA \tag{4.161}$$

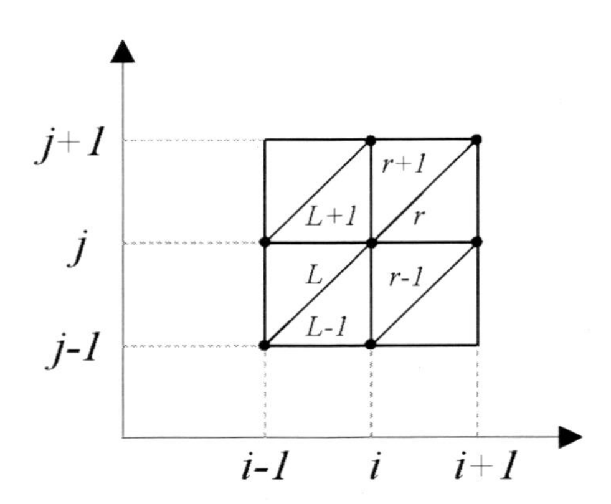

Figura 4.10 - Discretização do domínio em elementos triangulares

A equação (4.161) representa um sistema linear de ordem K, cujas incógnitas são $p_k \quad ; \quad k = 1, 2, \cdots, K$, para um dado elemento. Para poder resolver o sistema, é necessário juntar as matrizes de todos os elementos e montar uma matriz global para o domínio em questão (a mesma incluirá as condições de contorno). Em geral, o formato da matriz global depende da matriz de incidência (molécula computacional). A figura 4.10 apresenta um esquema da distribuição dos elementos no caso de elementos triangulares.

Capítulo 5 – A Equação de Reynolds em Coordenadas Cartesianas

Neste capítulo será feita a dedução da equação de Reynolds em coordenadas Cartesianas. Será deduzida a equação de Reynolds para mancais radiais, e será, também, feita uma breve interpretação física dos mecanismos de sustentação para mancais radiais e axiais.

5.1 – Dedução da equação de Reynolds para mancais radiais

A equação de Reynolds para mancais radiais pode ser deduzida a partir das equações de Navier-Stokes e conservação da massa em coordenadas Cartesianas, apresentadas no capítulo anterior. Para tal, é necessário fazer algumas hipóteses simplificativas.

Hipóteses:

I - Ignora-se efeitos de curvatura.

Hipótese razoável uma vez que $h \ll D$. Com esta hipótese pode-se usar as equações de conservação da massa e as equações de Navier-Stokes em coordenadas Cartesianas;

II - Fluído Newtoniano

$$\sigma_{ij} = -p\delta_{ij} + \mu\left(\frac{\partial u_i}{\partial x_j} + \frac{\partial u_j}{\partial x_i}\right) - \frac{2}{3}\mu\,\delta_{ij}\frac{\partial u_k}{\partial x_k} \tag{5.1}$$

III - Fluído Incompressível.

$$\vec{\nabla} \bullet \vec{V} = \frac{\partial u_k}{\partial x_k} = \theta = 0 \tag{5.2}$$

IV - Escoamento laminar.

Hipótese razoável, uma vez que para mancais hidrodinâmicos convencionais o número de Reynolds é da ordem de 1(um):

$$R_e = \frac{vL}{\nu} \cong 1 << 1000 \tag{5.3}$$

Com as quatro primeiras hipóteses anteriores pode-se usar as equações de Navier-Stokes para fluídos Newtonianos incompressíveis e viscosidade variável, deduzidas no capítulo anterior e reproduzidas a seguir:

$$\rho\frac{du}{dt} = \rho f_x''' - \frac{\partial p}{\partial x} + \frac{\partial}{\partial x}\left[2\mu\frac{\partial u}{\partial x}\right] + \tag{5.4}$$

$$\frac{\partial}{\partial y}\left[\mu\left(\frac{\partial u}{\partial y} + \frac{\partial v}{\partial x}\right)\right] + \frac{\partial}{\partial z}\left[\mu\left(\frac{\partial u}{\partial z} + \frac{\partial w}{\partial x}\right)\right]$$

$$\rho\frac{dv}{dt} = \rho f'''_y - \frac{\partial p}{\partial y} + \frac{\partial}{\partial x}\left[\mu\left(\frac{\partial v}{\partial x} + \frac{\partial u}{\partial y}\right)\right] + \qquad (5.5)$$

$$\frac{\partial}{\partial y}\left[2\mu\frac{\partial v}{\partial y}\right] + \frac{\partial}{\partial z}\left[\mu\left(\frac{\partial u}{\partial y} + \frac{\partial v}{\partial z}\right)\right]$$

$$\rho\frac{dw}{dt} = \rho f'''_z - \frac{\partial p}{\partial z} + \frac{\partial}{\partial x}\left[\mu\left(\frac{\partial w}{\partial x} + \frac{\partial u}{\partial z}\right)\right] + \qquad (5.6)$$

$$+\frac{\partial}{\partial y}\left[\mu\left(\frac{\partial u}{\partial y} + \frac{\partial v}{\partial z}\right)\right] + \frac{\partial}{\partial z}\left[2\mu\frac{\partial w}{\partial z}\right]$$

V - Forças de campos externos desprezível.

Esta é uma hipótese razoável uma vez que para um fluido não ionizado e sem efeitos de campos eletro-magnéticos, a única força de campo atuante no mesmo é a força gravitacional. E neste caso é facil de verificar que as forças devido às pressões internas no fluido são muito maiores (ordens de grandeza) que as forças gravitcionais.

VI - Forças inerciais desprezíveis.

Analogamente à hipótese anterior, as forças devido às pressões internas no fluido são muito maiores (ordens de grandeza) que as forças inerciais.

VII - Comparado com as derivadas

$$\frac{\partial u}{\partial y} \quad e \quad \frac{\partial w}{\partial y}$$

todas as outras derivadas são desprezíveis.

Esta hipótese é bastante razoável uma vez que, para um mancal típico, a espessura do filme (direção y) é da ordem de mícrons, ao passo que as outras dimensões são da ordem de milímetros. Assim sendo tem-se uma relação de pelo menos 3 (três) ordens de grandeza entre as variáveis x e z e a variável ao longo da espessura de filme (y). Nem a velocidade do fluido na direção x (u) ou na direção z (w) variam muito nesta direção (y). Assim sendo esta hipótese torna-se bastante razoável.

Aplicando as hipóteses simplificativas I a VII nas equações anteriores, tem-se:

$$\frac{\partial p}{\partial x} = \frac{\partial}{\partial y}\left[\mu\left(\frac{\partial u}{\partial y}\right)\right] \tag{5.7}$$

$$\frac{\partial p}{\partial y} = \frac{\partial}{\partial x}\left[\mu\left(\frac{\partial u}{\partial y}\right)\right] + 2\frac{\partial}{\partial y}\left[\mu\frac{\partial v}{\partial y}\right] + \frac{\partial}{\partial z}\left[\mu\left(\frac{\partial w}{\partial y}\right)\right] \tag{5.8}$$

$$\frac{\partial p}{\partial z} = \frac{\partial}{\partial y}\left[\mu\left(\frac{\partial w}{\partial y}\right)\right] \tag{5.9}$$

VIII - A velocidade do fluido na direção y é desprezível.

Hipótese razoável uma vez que a grandeza da dimensão ao longo da espessura do filme é muito pequena e como será visto posteriomente (hipótese IX) não há gradiente de pressão nesta direção, ou seja nada que possa acelerar o fluido. Como a velocidade do fluido é nula nas superfícies de deslizamento do mancal (região ortogonal à direção y), tem-se que a velocidade do fluido nesta direção é realmente nula.

Com a hipótese VII as equações anteriores passam a ser:

$$\frac{\partial p}{\partial x} = \frac{\partial}{\partial y}\left[\mu\left(\frac{\partial u}{\partial y}\right)\right] \tag{5.10}$$

$$\frac{\partial p}{\partial y} = \frac{\partial}{\partial x}\left[\mu\left(\frac{\partial u}{\partial y}\right)\right] + \frac{\partial}{\partial z}\left[\mu\left(\frac{\partial w}{\partial y}\right)\right] \quad (5.11)$$

$$\frac{\partial p}{\partial z} = \frac{\partial}{\partial y}\left[\mu\left(\frac{\partial w}{\partial y}\right)\right] \quad (5.12)$$

IX – A pressão não varia na direção y.

Aqui também trata-se de uma hipótese razoável pois além da dimensão em questão ser desprezível com relação às outras, conforme discutido anteriormente, não existe nesta direção nenhum mecanismo (tal como os mecanismos de "wege" e "squeeze") que propicie um aumento da pressão nesta direção.

Com a hipótese IX as equações anteriores podem ser expressas da seguinte maneira:

$$\frac{\partial p}{\partial x} = \frac{\partial}{\partial y}\left[\mu\left(\frac{\partial u}{\partial y}\right)\right] \quad (5.13)$$

$$\frac{\partial}{\partial x}\left[\mu\left(\frac{\partial u}{\partial y}\right)\right] + \frac{\partial}{\partial z}\left[\mu\left(\frac{\partial w}{\partial y}\right)\right] = 0 \quad (5.14)$$

$$\frac{\partial p}{\partial z} = \frac{\partial}{\partial y}\left[\mu\left(\frac{\partial w}{\partial y}\right)\right] \quad (5.15)$$

X – A viscosidade não varia na direção y. Hipótese razoável devido às mesmas explicações dadas anteriormente.

Com esta hipótese as equações anteriores podem ser expressas da seguinte maneira:

$$\frac{\partial p}{\partial x} = \mu \frac{\partial^2 u}{\partial y^2} \tag{5.16}$$

$$\frac{\partial p}{\partial z} = \mu \frac{\partial^2 w}{\partial y^2} \tag{5.17}$$

Genericamente, uma variável qualquer tal como a velocidade do fluido pode ser função das coordenadas espaciais (x, y, z) e do tempo (t), ou seja:

$$u = f(t, x, y, z) \quad \text{e} \quad w = f(t, x, y, z) \tag{5.18}$$

E neste caso, de acordo com as regras do cálculo diferencial, as derivadas totais destas variáveis são dadas por:

$$\frac{du}{dt} = \frac{\partial u}{\partial t} + u\frac{\partial u}{\partial x} + v\frac{\partial u}{\partial y} + w\frac{\partial u}{\partial z}$$

e (5.19)

$$\frac{dw}{dt} = \frac{\partial w}{\partial t} + u\frac{\partial w}{\partial x} + v\frac{\partial w}{\partial y} + w\frac{\partial w}{\partial z}$$

Porém, como

$$\frac{\partial u}{\partial x}, \quad \frac{\partial u}{\partial z}, \quad \frac{\partial w}{\partial x} \quad e \quad \frac{\partial w}{\partial z} \tag{5.20}$$

foram desprezadas anteriormente, tem-se:

$$\frac{du}{dt} = \frac{\partial u}{\partial t} + v\frac{\partial u}{\partial y}$$

$$e \tag{5.21}$$

$$\frac{dw}{dt} = \frac{\partial w}{\partial t} + v\frac{\partial w}{\partial y}$$

De acordo com a hipótese VII, a velocidade do fluido na direção y (v) é nula. Neste caso as equações anterores podem ser expressas da seguinte maneira:

$$\frac{\partial^2 u}{\partial y^2} \equiv \frac{d^2 u}{d y^2} \quad e \quad \frac{\partial^2 w}{\partial y^2} \equiv \frac{d^2 w}{d y^2} \tag{5.22}$$

Usando as expressões acima nas equações (5.16) e (5.17), tem-se:

$$\frac{\partial p}{\partial x} = \mu \frac{d^2 u}{d y^2} \quad e \quad \frac{\partial p}{\partial z} = \mu \frac{d^2 w}{d y^2} \tag{5.23}$$

Integrando as equações anteriores com relação a y, tem-se:

$$\frac{du}{dy} = \frac{1}{\mu}\left(\frac{\partial p}{\partial x}\right) y + C_1$$

$$u(y) = \frac{1}{2\mu}\left(\frac{\partial p}{\partial x}\right) y^2 + C_1 y + C_2 \tag{5.24}$$

As condições de contorno são as velocidades em y=0 e y=h, conforme ilustrado na figura 5.1. Observando-se esta figura, pode-se notar que na direção y as condições de contorno são:

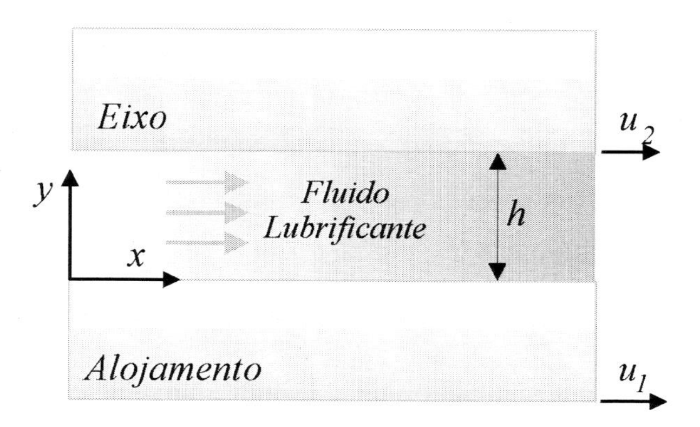

Figura 5.1 - Condições de contorno

$$u(y=0) = U_1 \quad ; \quad u(y=h) = U_2 \tag{5.25}$$

Com estas condições de contorno obtém-se:

$$u(y)=\frac{1}{2\mu}\left(\frac{\partial p}{\partial x}\right)\left[y(y-h)\right]+\left(\frac{U_2-U_1}{h}\right)y+U_1 \tag{5.26}$$

Analogamente:

$$w(y)=\frac{1}{2\mu}\left(\frac{\partial p}{\partial z}\right)y^2+C_1y+C_2 \tag{5.27}$$

Na direção z as condições de contorno são dadas pelo escoamento de Poisuielle: w(y=0) = w(y=h) = 0, conforme ilustrado na figura 5.3:

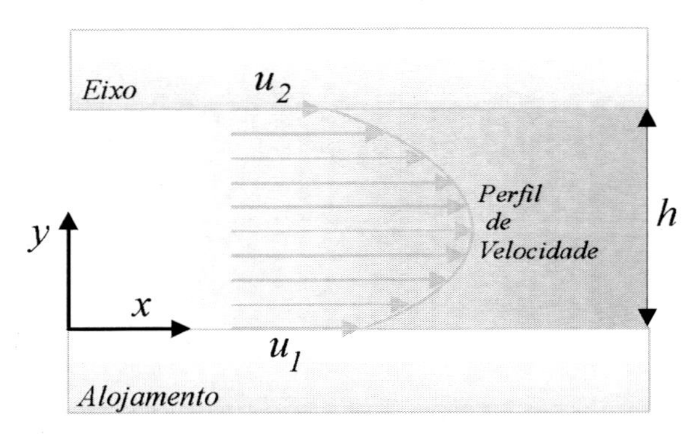

Figura 5.2 - Condições de contorno

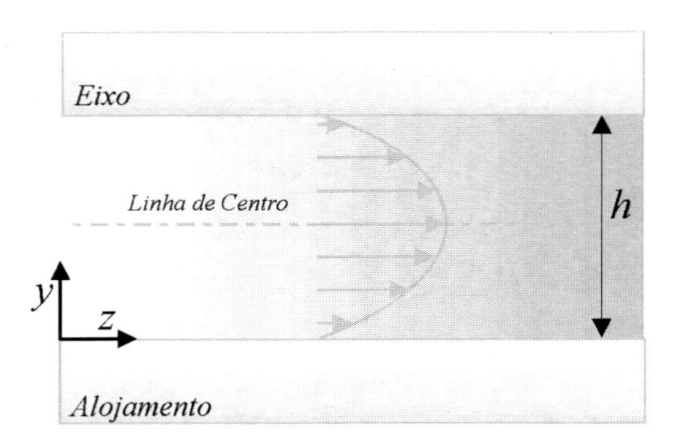

Figura 5.3 - Escoamento de Poisuielle

$$\Rightarrow \quad w(y) = \frac{1}{2\mu}\left(\frac{\partial p}{\partial z}\right)\left[y(y-h)\right] \tag{5.28}$$

A equação de conservação da massa para um fluido incompressível, deduzida anteriormente é:

$$\vec{\nabla} \bullet \vec{V} = \frac{\partial u_k}{\partial x_k} = \frac{\partial u}{\partial x} + \frac{\partial v}{\partial y} + \frac{\partial w}{\partial z} = 0$$

Da equação anterior obtem-se:

$$\frac{\partial v}{\partial y} = -\frac{\partial u}{\partial x} - \frac{\partial w}{\partial z} \tag{5.29}$$

Substituindo por u e w na equação anterior tem-se:

$$\frac{\partial v}{\partial y} = -\frac{\partial}{\partial x}\left\{\frac{1}{2\mu}\left(\frac{\partial p}{\partial x}\right)\left[y(y-h)\right] + \left(\frac{U_2 - U_1}{h}\right)y + U_1\right\}$$

$$-\frac{\partial}{\partial z}\left\{\frac{1}{2\mu}\left(\frac{\partial p}{\partial z}\right)\left[y(y-h)\right]\right\} \tag{5.30}$$

multiplicando a equação anterior por -1, usando a aproximação $\frac{\partial v}{\partial y} \simeq \frac{dv}{dy}$ (hipótese VII) e integrando-a com relação a y tem-se, no intervalo $[0, h(x)]$:

$$-\int_{y=0}^{y=h(x)} \frac{dv}{dy} dy = -V(y=h) =$$

$$\int_{y=0}^{y=h(x)} \frac{\partial}{\partial x}\left\{\frac{1}{2\mu}\left(\frac{\partial p}{\partial x}\right)[y(y-h)] + \left(\frac{U_2 - U_1}{h}\right)y + U_1\right\}dy + \tag{5.31}$$

$$\int_{y=0}^{y=h(x)} \frac{\partial}{\partial z}\left\{\frac{1}{2\mu}\left(\frac{\partial p}{\partial z}\right)[y(y-h)]\right\}dy$$

A regra de Leibnitz para a derivada de uma integral definida é dada a seguir:

$$\frac{\partial}{\partial \alpha}\int_{\phi_1}^{\phi_2} F dx = \int_{\phi_1}^{\phi_2} \frac{\partial F}{\partial \alpha} dx + F(\phi_2)\frac{\partial \phi_2}{\partial \alpha} - F(\phi_1)\frac{\partial \phi_1}{\partial \alpha} \tag{5.32}$$

Como $F(\phi_1)\frac{\partial \phi_1}{\partial \alpha}$ é nulo neste caso, tem-se:

$$\int_0^{\phi_2} \frac{\partial F}{\partial \alpha} dx = \frac{\partial}{\partial \alpha} \int_0^{\phi_2} F dx + F(\phi_2)\frac{\partial \phi_2}{\partial \alpha} \qquad (5.33)$$

Usando a regra de Leibnitz para o primeiro termo do lado direito da equação (5.31), tem-se:

$$\int_{y=0}^{y=h(x)} \frac{\partial}{\partial x}\left\{\frac{1}{2\mu}\left(\frac{\partial p}{\partial x}\right)\left[y(y-h)\right]+\left(\frac{U_2-U_1}{h}\right)y+U_1\right\}dy =$$

$$\frac{\partial}{\partial x}\int_{y=0}^{h}\left\{\frac{1}{2\mu}\left(\frac{\partial p}{\partial x}\right)\left[y(y-h)\right]+\left(\frac{U_2-U_1}{h}\right)y+U_1\right\}dy \qquad (5.34)$$

$$-\left\{\frac{\partial}{\partial x}\left[\frac{-h^3}{12\mu}\left(\frac{\partial p}{\partial x}\right)+\left(\frac{U_2+U_1}{2}\right)h\right]+\left(\frac{U_2+U_1}{2}\right)\frac{\partial h}{\partial x}\right\}$$

ou

$$\int_{y=0}^{y=h(x)} \frac{\partial}{\partial x}\left\{\frac{1}{2\mu}\left(\frac{\partial p}{\partial x}\right)[y(y-h)]+\left(\frac{U_2-U_1}{h}\right)y+U_1\right\}dy=$$

$$\frac{\partial}{\partial x}\left[\frac{-h^3}{12\mu}\left(\frac{\partial p}{\partial x}\right)+\left(\frac{U_2+U_1}{2}\right)h\right] \qquad (5.35)$$

$$-\left\{\frac{\partial}{\partial x}\left[\frac{1}{2\mu}\left(\frac{\partial p}{\partial x}\right)[h(h-h)]\right]+\left[\left(\frac{U_2-U_1}{h}\right)h\right]+U_1\right\}\frac{\partial h}{\partial x}$$

→

$$\int_{y=0}^{y=h(x)} \frac{\partial}{\partial x}\left\{\frac{1}{2\mu}\left(\frac{\partial p}{\partial x}\right)[y(y-h)]+\left(\frac{U_2-U_1}{h}\right)y+U_1\right\}dy=$$

$$\frac{\partial}{\partial x}\left[\frac{-h^3}{12\mu}\left(\frac{\partial p}{\partial x}\right)\right]+h\frac{\partial}{\partial x}\left[\left(\frac{U_2+U_1}{2}\right)\right]+\left[\left(\frac{U_2+U_1}{2}\right)\right]\frac{\partial h}{\partial x}-U_2\frac{\partial h}{\partial x}$$

(5.36)

A derivada parcial da soma das velocidades com relação a x é nula. Assim sendo tem-se:

$$\int_{y=0}^{y=h(x)} \frac{\partial}{\partial x}\left\{\frac{1}{2\mu}\left(\frac{\partial p}{\partial x}\right)\left[y\left(y-h\right)\right]+\left(\frac{U_2-U_1}{h}\right)y+U_1\right\}dy =$$

$$\frac{\partial}{\partial x}\left[\frac{-h^3}{12\mu}\left(\frac{\partial p}{\partial x}\right)\right]+\left[\left(\frac{-U_2+U_1}{2}\right)\right]\frac{\partial h}{\partial x} \tag{5.37}$$

Usando a regra de Leibnitz para o segundo termo do lado direito da equação (5.31), tem-se:

$$\int_{y=0}^{y=h(x)} \frac{\partial}{\partial z}\left\{\frac{1}{2\mu}\left(\frac{\partial p}{\partial z}\right)\left[y\left(y-h\right)\right]\right\}dy =$$

$$\frac{\partial}{\partial z}\int_{y=0}^{y=h(x)} \left\{\frac{1}{2\mu}\left(\frac{\partial p}{\partial z}\right)\left[y\left(y-h\right)\right]\right\}dy - \tag{5.38}$$

$$\frac{\partial}{\partial z}\left\{\frac{1}{2\mu}\left(\frac{\partial p}{\partial z}\right)\left[h\left(h-h\right)\right]\right\}$$

$$\int_{y=0}^{y=h(x)} \frac{\partial}{\partial z}\left\{\frac{1}{2\mu}\left(\frac{\partial p}{\partial z}\right)[y(y-h)]\right\}dy =$$

$$\rightarrow \qquad (5.39)$$

$$\frac{\partial}{\partial z}\left\{\frac{-h^3}{12\mu}\left(\frac{\partial p}{\partial z}\right)\right\} - \frac{\partial}{\partial z}\left\{\frac{1}{2\mu}\left(\frac{\partial p}{\partial z}\right)[h(h-h)]\right\}$$

O segundo termo do lado direito da equação anterior é nulo. Assim sendo, tem-se:

$$\int_{y=0}^{y=h(x)} \frac{\partial}{\partial z}\left\{\frac{1}{2\mu}\left(\frac{\partial p}{\partial z}\right)[y(y-h)]\right\}dy = \qquad (5.40)$$

$$\frac{\partial}{\partial z}\left\{\frac{-h^3}{12\mu}\left(\frac{\partial p}{\partial z}\right)\right\}$$

Substituindo pelas equações (5.37) e (5.40) na equação (5.31) tem-se:

$$-\int_{y=0}^{y=h(x)} \frac{dv}{dy} dy = -V =$$

$$\frac{\partial}{\partial x}\left[\frac{-h^3}{12\mu}\left(\frac{\partial p}{\partial x}\right)\right]+\left[\left(\frac{-U_2+U_1}{2}\right)\right]\frac{\partial h}{\partial x}+\frac{\partial}{\partial z}\left\{\frac{-h^3}{12\mu}\left(\frac{\partial p}{\partial z}\right)\right\} \tag{5.41}$$

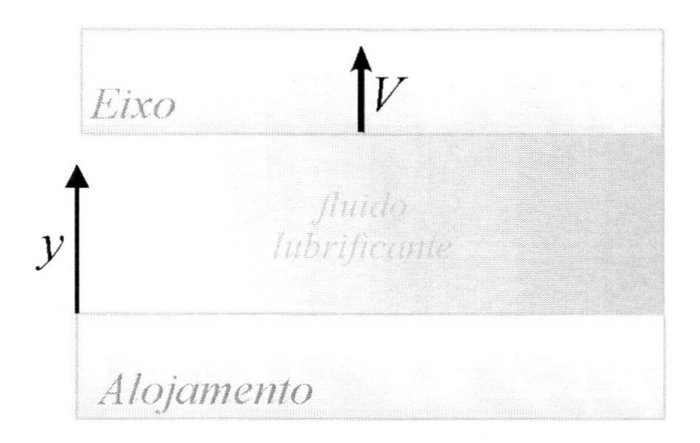

Figura 5.4 - Velocidade de separação das superfícies

Da equação (5.41) tem-se que:

$$\frac{\partial}{\partial x}\left[\frac{h^3}{12\mu}\left(\frac{\partial p}{\partial x}\right)\right]+\frac{\partial}{\partial z}\left\{\frac{-h^3}{12\mu}\left(\frac{\partial p}{\partial z}\right)\right\}=\left[\left(\frac{U_2-U_1}{2}\right)\right]\frac{\partial h}{\partial x}-V$$

Se V for a velocidade de aproximação das superfícies de deslizamento, ao invés de velocidade de separação, então o sinal do último termo da equação anterior é positivo, e, neste caso a equação anterior passa a ser:

$$\frac{\partial}{\partial x}\left[\frac{h^3}{12\mu}\left(\frac{\partial p}{\partial x}\right)\right]+\frac{\partial}{\partial z}\left\{\frac{-h^3}{12\mu}\left(\frac{\partial p}{\partial z}\right)\right\}=\left[\left(\frac{U_2-U_1}{2}\right)\right]\frac{\partial h}{\partial x}+V$$

(5.42)

que é a **equação geral de Reynolds** para fluídos incompressíveis.

5.2 – A equação geral de Reynolds para mancais radiais

A equação geral de Reynolds para fluídos incompressíveis deduzida anteriormente é:

$$\frac{\partial}{\partial x}\left[\frac{h^3}{12\mu}\left(\frac{\partial p}{\partial x}\right)\right]+\frac{\partial}{\partial z}\left[\frac{h^3}{12\mu}\left(\frac{\partial p}{\partial z}\right)\right]=\left(\frac{U_2-U_1}{2}\right)\frac{\partial h}{\partial x}+V$$

(5.43)

para um mancal radial, ignorando-se os efeitos de curvatura, tem-se:

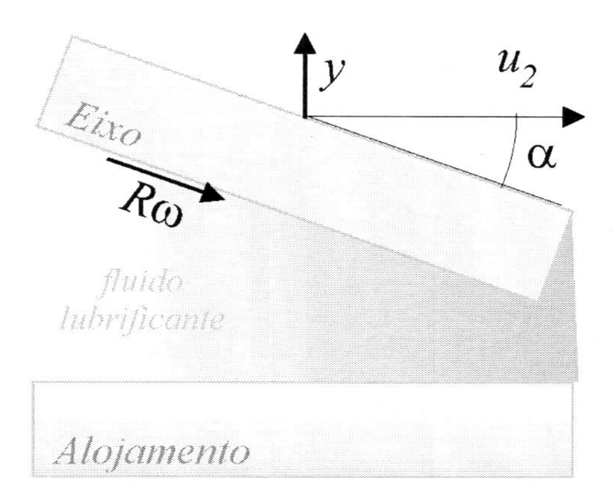

Figura 5.5 - Mancal radial

$$U_2 = R\omega\cos(\alpha) = R\omega\left[1 + \frac{\alpha^2}{2!} + \frac{\alpha^4}{4!} + \ldots\right] \tag{5.44}$$

A tangente do ângulo α é $\tan(\alpha) = \dfrac{\partial h}{\partial x}$. Como $\alpha \ll 1$ tem-se que

$$U_2 \cong R\omega$$

$$V = \frac{dh}{dt} = \frac{\partial h}{\partial t} + \frac{\partial h}{\partial x}\frac{dx}{dt} = \frac{\partial h}{\partial t} + U_2\frac{\partial h}{\partial x} \tag{5.45}$$

$$\rightarrow \quad V = \frac{\partial h}{\partial t} + U_2\frac{\partial h}{\partial x} \tag{5.46}$$

Substituindo por (5.45) em (5.43) tem-se:

$$\frac{\partial}{\partial x}\left(\frac{h^3}{12\mu}\frac{\partial p}{\partial x}\right)+\frac{\partial}{\partial z}\left(\frac{h^3}{12\mu}\frac{\partial p}{\partial z}\right)=\left(\frac{U_1+U_2}{2}\right)\frac{\partial h}{\partial x}+\frac{\partial h}{\partial t} \tag{5.47}$$

onde: U_1 é a velocidade circunferencial do alojamento do mancal (m/s)

U_2 é a velocidade circunferencial da superfície do eixo do mancal (m/s)

$\frac{\partial h}{\partial t}$ é a a derivada parcial da espessura do filme com relação ao tempo (m/s)

A equação acima é a equação de Reynolds para mancais radiais com fluido incompressível.

Em mancais hidrodinâmicos radiais convencionais, geralmente, a velocidade circunferencial do alojamento é nula (alojamento fixo). Neste caso $U_1 = 0$, e a equação (5.47) pode ser escrita da seguinte maneira:

$$\frac{\partial}{\partial x}\left(\frac{h^3}{12\mu}\frac{\partial p}{\partial x}\right)+\frac{\partial}{\partial z}\left(\frac{h^3}{12\mu}\frac{\partial p}{\partial z}\right)=\frac{U}{2}\frac{\partial h}{\partial x}+\frac{\partial h}{\partial t} \tag{5.48}$$

Onde U é a velocidade circunferencial do eixo do mancal. A equação anterior é a equação de Reynolds para um mancal hidrodinâmico radial com alojamento fixo.

Para um mancal com carregamento estático a espessura de filme não varia com o tempo ($\frac{\partial h}{\partial t} = 0$). E neste caso tem-se:

$$\frac{\partial}{\partial x}\left(\frac{h^3}{12\mu}\frac{\partial p}{\partial x}\right)+\frac{\partial}{\partial z}\left(\frac{h^3}{12\mu}\frac{\partial p}{\partial z}\right)=\frac{U}{2}\frac{\partial h}{\partial x} \qquad (5.49)$$

A equação acima é a equação de Reynolds para um mancal hidrodinâmico radial com alojamento fixo e carregamento estático.

5.3 - Mecanismo de sustentação em mancais radiais e mancais axiais – interpretação física

A equação geral de Reynolds dada a seguir

$$\frac{\partial}{\partial x}\left(\frac{h^3}{12\mu}\frac{\partial p}{\partial x}\right)+\frac{\partial}{\partial z}\left(\frac{h^3}{12\mu}\frac{\partial p}{\partial z}\right)=\left(\frac{U_1-U_2}{2}\right)\frac{\partial h}{\partial x}+V \qquad (5.50)$$

é a equação que rege os fenômenos que acontecem num mancal com duas superfícies planas (mancal de encosto).

Observando-se o lado direito da equação (5.50) nota-se que se U_1 for igual a U_2 então o primeiro termo do lado direito da equação (5.50) é nulo:

$$\left(\frac{U_1 - U_2}{2} \right) \frac{\partial h}{\partial x} = 0 \qquad (5.51)$$

Substituindo pela equação (5.51) na equação (5.50), tem-se:

$$\frac{\partial}{\partial x}\left(\frac{h^3}{12\mu} \frac{\partial p}{\partial x} \right) + \frac{\partial}{\partial z}\left(\frac{h^3}{12\mu} \frac{\partial p}{\partial z} \right) = V \qquad (5.52)$$

O que implica dizer que um mancal de encosto não gera pressão hidrodinâmica pelo mecanismo de "wedge" se a diferença entre as velocidades das superfícies de deslizamento for nula. Nesto caso o único mecanismo de geração de pressão é o "squeeze" ou prensamento do filme do fluido lubrificante.

Este fenômeno pode ser melhor entendido através do funcionamento de um esqui aquático, que é, na realidade, um mancal de encosto, conforme ilustrado na figura (5.6). Quando a velocidade do eski for igual à velocidade da água, então não existe o efeito wedge e haverá uma velocidade vertical para baixo que prensa o fluido e gera uma força de sustentação devido ao fenômeno de squeeze. Conseqüentemente o esquiador tende a afundar na agua.

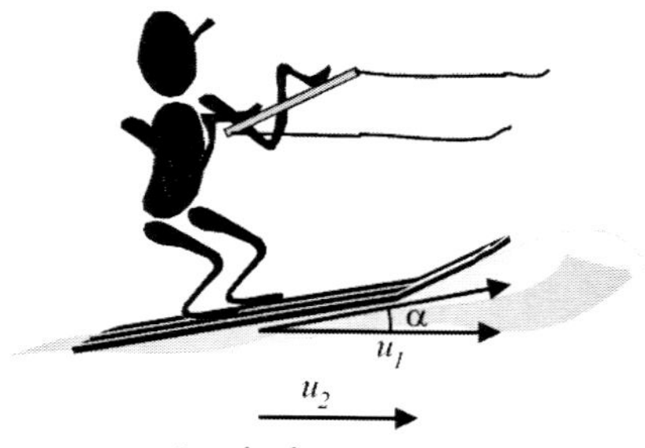

α: ângulo de ataque

se $u_1 = u_2$ então não existe força de sustentação

Figura 5.6 – Geração de pressão hidrodinâmica num esqui aquático ou mancal de encosto

Agora fica fácil comparar os mecanismos de sustentação de um mancal radial com os de um mancal de encosto (mancal plano). O lado direito da equação de Reynolds para um mancal radial com carregamento estático é:

$$\left(\frac{U_1 + U_2}{2}\right)\frac{\partial h}{\partial x} \tag{5.53}$$

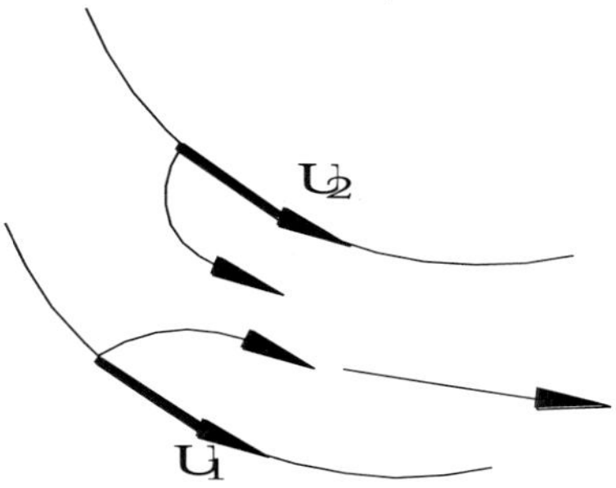

Figura 5.7 – Velocidades tangenciais das superfícies de deslizamento num mancal hidrodinâmico radial

A equação (5.53) mostra que o componente da força de sustentação hidrodinâmica devido ao componente wedge é proporcional à soma das velocidades das superfícies de deslizamento ($U_1 + U_2$), onde:

U_1 = Velocidade tangencial da superfície do alojamento do mancal (m/s);

U_2 = Velocidade tangencial da superfície do eixo do mancal (m/s).

Isto quer dizer que ambas velocidades contribuem para arrastar partículas de fluido para a região convergente, conforme ilustrado na figura 5.7.

CAPÍTULO 6 - SOLUÇÕES ANALÍTICAS DA EQUAÇÃO DE REYNOLDS PARA MANCAIS RADIAIS

Para certos tipos de mancal, com características geométricas bem particulares, é possível fazer aproximações que simplificam bastante a equação de Reynolds para mancias radiais. Em alguns casos, é possível resolvê-la analiticamente. Existem dois tipos de mancal para os quais foram desenvolvidas soluções analíticas: mancais infinitamente longos (teoria de Sommerfeld) e mancais infinitamente curtos (teoria de Ockvirk).

A equação de Reynolds para um mancal hidrodinâmico radial com alojamento fixo e carregamento estático, deduzida no capítulo 5 (equação 5.49) é reproduzida a seguir:

$$\frac{\partial}{\partial x}\left(\frac{h^3}{12\mu}\frac{\partial p}{\partial x}\right)+\frac{\partial}{\partial z}\left(\frac{h^3}{12\mu}\frac{\partial p}{\partial z}\right)=\frac{U}{2}\frac{\partial h}{\partial x} \tag{6.1}$$

A seguir serão considerados os dois tipos particulares de mancais radiais hidrodinânicos mencionados anteriormente.

6.1 - Mancal infinitamente longo (teoria de Sommerfeld)

Existem certos tipos de mancais hidrodinâmicos radiais onde a largura é muito maior que o diâmetro, conforme esquematizado na figura 6.1. Neste caso tem-se:

$$\frac{L}{D} >> 1 \tag{6.2}$$

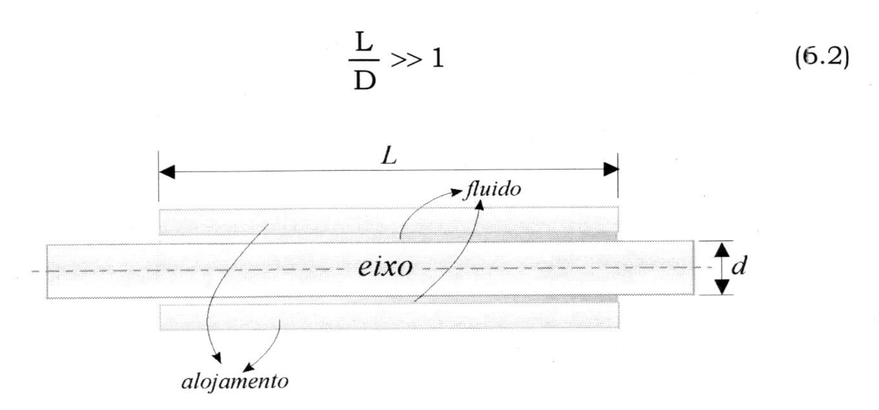

Figura 6.1 - Mancal infinitamente longo

Para este tipo de mancal, devido à expressão acima, a derivada da pressão com relação à x (sentido circunferencial) é muito maior que a derivada com relação a z sentido axial, ou seja:

$$\frac{\partial p}{\partial x} >> \frac{\partial p}{\partial z} \tag{6.3}$$

Neste caso pode-se desprezar a derivada parcial da pressão com relação a z na equação (6.1) e a mesma passa a ser:

$$\frac{d}{dx}\left(\frac{h^3}{12\mu}\frac{dp}{dx}\right)=\frac{U}{2}\frac{dh}{dx} \tag{6.4}$$

Substituindo x por $R\theta$ na equação anterior e multiplicando a mesma por $12R\mu$, tem-se:

$$\frac{d}{d\theta}\left(h^3\frac{dp}{d\theta}\right)=6\mu UR\frac{dh}{dx} \tag{6.5}$$

Integrando a equação anterior com relação a θ, tem-se:

$$\frac{dp}{d\theta}=6\mu UR\frac{h+C_1}{h^3} \tag{6.6}$$

A pressão varia com relação a θ, e existe um valor de espessura de filme no qual a derivada anterior é nula

$$\frac{dp}{d\theta}=6\mu UR\frac{h_0+C_1}{h^3}=0 \tag{6.7}$$

Seja h_0 o valor da espessura de filme neste ponto. Assim sendo, tem-se:

$$C_1=-h_0 \tag{6.8}$$

Substituindo pelo valor de C_1 dado pela equação anterior na equação (6.6), tem-se:

$$\frac{dp}{d\theta} = 6\mu UR \frac{h - h_0}{h^3} \tag{6.9}$$

A espessura de filme h, deduzida anteriormente, é dada por:

$$h(\theta) = C\left[1 + \varepsilon\cos(\theta)\right] \tag{6.10}$$

Integrando a equação (6.9) com relação a θ, tem-se:

$$p = \frac{6\mu UR}{C^2}\left\{\int \frac{d\theta}{\left[1+\varepsilon\cos(\theta)\right]^2} - \frac{h_0}{C}\int \frac{d\theta}{\left[1+\varepsilon\cos(\theta)\right]^3}\right\} + C_2 \tag{6.11}$$

Para integrar a equação acima, faz-se a seguinte transformação de coordenadas:

$$1 + \varepsilon\cos(\theta) = \frac{1 - \varepsilon^2}{1 - \varepsilon\cos(\psi)} \tag{6.12}$$

Reordenando a equação anterior, tem-se:

$$\cos(\theta) = \frac{1}{\varepsilon}\left[-1 + \frac{1-\varepsilon^2}{1-\varepsilon\cos(\psi)} \right] =$$

$$\frac{1}{\varepsilon}\left\{ \frac{\left[1-\varepsilon^2 \right] - \left[1-\varepsilon\cos(\psi) \right]}{1-\varepsilon\cos(\psi)} \right\} = \frac{\cos(\psi)-\varepsilon}{1-\varepsilon\cos(\psi)} \tag{6.13}$$

$$\Rightarrow \qquad \cos(\theta) = \frac{\cos(\psi)-\varepsilon}{1-\varepsilon\cos(\psi)} \tag{6.14}$$

Considere a seguinte relação trigonométrica:

$$\text{sen}^2(\theta) + \cos^2(\theta) = 1 \tag{6.15}$$

Substituindo por $\cos(\theta)$ dado pela equação (6.14) na equação anterior, tem-se:

$$\text{sen}^2(\theta) + \left[\frac{\cos(\psi)-\varepsilon}{1-\varepsilon\cos(\psi)} \right]^2 = 1 \tag{6.16}$$

Da equação anterior tem-se:

$$\text{sen}^2(\theta) = 1 - \left[\frac{\cos(\psi) - \varepsilon}{1 - \varepsilon\cos(\psi)} \right]^2 =$$

$$1 - \left\{ \frac{\cos^2(\psi) - 2\varepsilon\cos(\psi) + \varepsilon^2}{\left[1 - \varepsilon\cos(\psi)\right]^2} \right\} =$$

$$\left\{ \frac{\left[1 - 2\varepsilon\cos(\psi) + \varepsilon^2\cos^2(\psi)\right] - \left[\cos^2(\psi) - 2\varepsilon\cos(\psi) + \varepsilon^2\right]}{\left[1 - \varepsilon\cos(\psi)\right]^2} \right\}$$

(6.17)

Reordenando a equação (6.17), tem-se:

$$\text{sen}^2(\theta) = \frac{(1 - \varepsilon^2)\,\text{sen}^2(\psi)}{\left[1 - \varepsilon\cos(\psi)\right]^2} \quad (6.18)$$

$$\Rightarrow \quad \text{sen}(\theta) = \frac{(1 - \varepsilon^2)^{1/2}\,\text{sen}(\psi)}{\left[1 - \varepsilon\cos(\psi)\right]} \quad (6.19)$$

Diferenciando um dos termos acima, tem-se:

$$d\theta = \frac{(1-\varepsilon^2)^{1/2}\, d\psi}{\left[1-\varepsilon\cos(\psi)\right]} \tag{6.20}$$

As condições de contorno em $\theta = 0$ e $\theta = 2\pi$ são as mesmas na coordenada ψ, e, portanto, as condições de contorno são:

$$p(\psi = 0) = p_a$$

$$p(0) = p(2\pi) \tag{6.21}$$

Considere a primeira integral no lado direito da equação (6.11):

$$\int \frac{d\theta}{\left[1+\varepsilon\cos(\theta)\right]^2} \tag{6.22}$$

Substituindo pelas expressões dadas pelas equações (6.12) e (6.20) na equação anterior, tem-se:

$$\int \left\{ \left[\frac{1-\varepsilon\cos(\psi)}{1-\varepsilon^2} \right]^2 * \left[\frac{1-\varepsilon^2}{1-\varepsilon\cos(\psi)} \right] \right\} d\psi =$$

$$\int \left[\frac{1-\varepsilon\cos(\psi)}{1-\varepsilon^2} \right] d\psi = \frac{\left[\psi - e\,\mathrm{sen}(\psi)\right]}{\left[1-e^2\right]^{3/2}} \tag{6.23}$$

O mesmo pode ser feito com a segunda integral do lado direito da equação (6.11). Fazendo a álgebra e integrando a equação resultante, obtêm-se:

$$\int \frac{d\theta}{\left[1+\varepsilon\cos(\theta)\right]^3} = \frac{1}{\left[1-\varepsilon^2\right]^{3/2}}\left[\psi - 2\varepsilon\,\text{sen}(\psi) + \frac{\varepsilon^2\psi}{2} + \frac{\varepsilon^2\,\text{sen}(2\psi)}{4}\right] \tag{6.24}$$

Substituindo pelas integrais acima na equação (6.11), tem-se:

$$p(\psi) = \frac{6\mu UR}{c^2}\left\{\frac{\psi-\varepsilon\,\text{sen}(\psi)}{\left(1-\varepsilon^2\right)^{3/2}} - \frac{h_0}{c\left(1-\varepsilon^2\right)^{3/2}}\left[\psi - 2\varepsilon\,\text{sen}(\psi) + \frac{\varepsilon^2\psi}{2} + \frac{\varepsilon^2\,\text{sen}(2\psi)}{4}\right]\right\} + C_2 \tag{6.25}$$

Aplicando a primeira condição de contorno da equação (6.21) na equação anterior, tem-se:

$$C_2 = p_a \tag{6.26}$$

Aplicando a segunda condição de contorno da equação (6.21) na equação (6.25), tem-se:

$$h_0 = \frac{2C\,(1-\varepsilon^2)}{2+\varepsilon^2} \tag{6.27}$$

Substituindo pelas expressões dadas pelas equações (6.26) e (6.27) na equação (6.25), tem-se:

$$p(\theta) = p_a + \frac{6\mu U R \varepsilon}{C^2}\,\frac{\left[2+\varepsilon\cos(\theta)\right]\mathrm{sen}(\theta)}{(2+\varepsilon^2)\left[1+\varepsilon\cos(\theta)\right]^2} \tag{6.28}$$

Onde: U é a velocidade circunferencial do eixo do mancal (m/s);

C é a folga radial do mancal (m);

μ é a viscosidade do fluido lubrificante (Pa s);

θ é o ângulo a partir da linha de centros do mancal (rad);

R é o raio do eixo do mancal (m);

ε é o fator de excentricidade do mancal (-).

A solução analítica da equação de Reynolds para mancais infinitamente curtos, dada pela equação anterior, foi desenvolvida por Sommerfeld em 1904 [30, 34].

6.2 - Mancal infinitamente curto (teoria de Ockvirk)

Analogamente ao caso do capítulo anterior, para mancais onde a largura é muito menor que o diâmetro, conforme esquematizado na figura 6.2, tem-se:

$$\frac{L}{D} << 1 \tag{6.29}$$

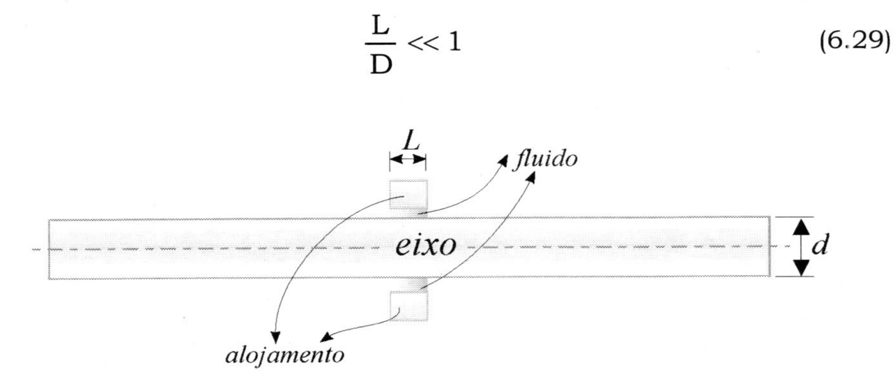

Figura 6.2 - Mancal infinitamente curto

Para esse tipo de mancal, devido à expressão acima (6.29), a derivada parcial da pressão com relação à x (sentido circunferencial) é muito menor que a derivada com relação a z (sentido axial), ou seja:

$$\frac{\partial p}{\partial x} << \frac{\partial p}{\partial z} \tag{6.30}$$

Neste caso pode-se desprezar a derivada parcial da pressão com relação a x na equação (6.1) e a mesma passa a ser:

$$\frac{d}{dz}\left(\frac{h^3}{12\mu}\frac{dp}{dz}\right)=\frac{U}{2}\frac{\partial h}{\partial x} \tag{6.31}$$

Integrando a equação anterior em relação a z:

$$\frac{h^3}{12\mu}\frac{dp}{dz}=\left(\frac{U}{2}\frac{\partial h}{\partial x}\right)z+C_1 \tag{6.32}$$

Integrando mais uma vez:

$$p(z)=\frac{12\mu}{h^3}\left[\left(\frac{U}{4}\frac{\partial h}{\partial x}\right)z^2+C_1 z+C_2\right] \tag{6.33}$$

Usando as condições de contorno:

$$p\left(z=-\frac{L}{2}\right)=p\left(z=\frac{L}{2}\right)=0 \tag{6.34}$$

na equação (6.33):

$$p\left(z=-\frac{L}{2}\right)=\frac{12\mu}{h^3}\left[\left(\frac{U}{4}\frac{\partial h}{\partial x}\right)\frac{L^2}{4}-\frac{C_1 L}{2}+C_2\right]=0 \tag{6.35}$$

$$p\left(z=\frac{L}{2}\right)=\frac{12\mu}{h^3}\left[\left(\frac{U}{4}\frac{\partial h}{\partial x}\right)\frac{L^2}{4}+\frac{C_1 L}{2}+C_2\right]=0 \tag{6.36}$$

Subtraindo a equação (6.36) da equação (6.35) tem-se que:

$$C_1 L = 0 \quad \Rightarrow \quad C_1 = 0$$

Substituindo C_1 em (6.33), tem-se:

$$\left(\frac{U}{4}\frac{\partial h}{\partial x}\right)\frac{L^2}{4} + C_2 = 0$$

Das equação anterior, tem-se:

$$C_2 = -\frac{UL^2}{16}\left(\frac{\partial h}{\partial x}\right) \tag{6.37}$$

Substituindo pelo valor das constantes C_1 e C_2 em (6.33), tem-se:

$$p(z) = \frac{12\mu}{h^3}\left[\left(\frac{U}{4}\frac{\partial h}{\partial x}\right)z^2 - \left(\frac{U}{16}\frac{\partial h}{\partial x}\right)L^2\right] \tag{6.38}$$

Reordenado a equação anterior, tem-se:

$$p(z) = \frac{12\mu}{h^3}\left\{\left(\frac{U}{4}\frac{\partial h}{\partial x}\right)\left[z^2 - \left(\frac{L}{2}\right)^2\right]\right\} \tag{6.39}$$

A derivada da espessura do filme de fluido lubrificante em função da coordenada x pode ser obtida da seguinte expressão, deduzida anteriormente:

$$h(\theta) = C\left[\, 1 + \varepsilon \cos(\theta) \,\right] \tag{6.40}$$

$$x = R\theta \quad \therefore \quad \frac{\partial h}{\partial x} = \frac{1}{R}\frac{\partial h}{\partial \theta} \tag{6.41}$$

$$\frac{\partial h}{\partial x} = -\frac{C\varepsilon}{R}\operatorname{sen}(\theta) \tag{6.42}$$

A velocidade tangencial da superfície do eixo (U) é dada por:

$$U = R\,\omega \tag{6.43}$$

Substituindo (6.42) e (6.43) na equação (6.39), tem-se:

$$p(z) = \frac{3\mu(R\omega)\left(\dfrac{-C \in \operatorname{sen}(\theta)}{R}\right)\left[z^2 - \left(\dfrac{L}{2}\right)^2\right]}{C^3\left[1 + \varepsilon\cos(\theta)\right]^3} \tag{6.44}$$

Reordenando a equação anterior, tem-se:

$$p(z) = -\frac{3\mu\,\omega \in sen(\theta)}{C^2\left[1+\varepsilon\cos(\theta)\right]^3}\left[z^2 - \left(\frac{L}{2}\right)^2\right] \tag{6.45}$$

A expressão acima é a solução da equação deReynolds para mancais infinitamente curto, também conhecida como solução da teoria de Ocvirk.

6.3 - Faixa de validade das soluções da teoria de Ockvirk

As soluções analíticas advindas da teoria de Ockvirc (mancal infinitamente curto) foram bastante usadas até o final da década de 80, para a simulação do comportamento de mancais hidrodinâmicos, principalmente para mancais de motores de combustão interna sob condições reais de operação. Porém, esta solução aproximada contém um erro que pode ser bastante significativo. O mesmo varia em função da relação L/D e do fator de excentricidade do mancal.

É possível ter uma idéia do erro envolvido nesta solução aproximada. Para tanto, calcula-se a força hidrodinâmica para um determinado mancal, através da teoria de Ockvirk:

$F_h^{SB} \equiv$ Força hidrodinâmica dada pela teoria de Ockvirk e a força hidrodinâmica calculada para um determinado mancal, através da teoria de mancais finitos (sem aproximação):

$F_h^{FB} \equiv$ Força hidrodinâmica dada pela teoria de mancais finitos

Em seguida, calcula-se o erro percentual entre a teoria de Ockvirk e a teoria de mancais finitos:

$$\text{ERRO }\% = \frac{\left| F_h^{SB} - F_h^{FB} \right|}{\left| F_h^{FB} \right|} \times 100 \qquad (6.46)$$

O erro percentual dado pela fórmula anterior é então calculado em função de L/D e o fator de excentricidade. Os resultados são mostrados na tabela (6.1). Como pode ser visto, os erros percentuais podem atingir valores significativamente altos, particularmente para valores de L/D acima de 0.3 e para fatores de excentricidade acima de 0.95. É importante salientar aqui que muitos mancais hidrodinâmicos, como os mancais de motores de combustão interna, por exemplo, geralmente operam com altos fatores de excentricidade (maior que 0.95) e a razão entre sua largura e diâmetro varia entre 0.2 e 0.4, ou seja:

$$0.2 < \frac{L}{D} < 0.4 \qquad \text{e} \qquad \varepsilon > 0.95 \qquad (6.47)$$

Pela tabela 6.1 pode-se verificar que este tipo de solução aproximada induz a erros demasiadamente grandes, e não deve ser usada indiscriminadamente, principalmente em casos em que se trata da simulação do comportamento de mancais hidrodinâmicos de motores de combustão interna.

L/D ε	0.10	0.20	0.30	0.40	0.50	0.60	0.70	0.80	0.90	1.00
0.20	0.046	1.520	4.080	6.440	10.05	14.12	18.59	23.89	30.10	36.38
0.30	0.140	2.080	4.450	8.050	11.67	16.33	21.61	27.80	34.41	42.13
0.40	0.260	2.940	5.710	9.390	14.12	19.93	26.74	34.47	42.89	52.19
0.50	0.320	2.780	6.550	11.93	18.61	26.57	35.67	45.07	55.72	66.89
0.60	0.370	3.180	9.160	17.38	26.57	37.07	48.27	60.93	74.46	90.39
0.70	0.280	6.440	15.92	33.71	37.89	51.67	68.53	86.68	106.8	129.8
0.80	0.860	9.540	21.01	37.19	57.60	81.19	108.3	138.6	172.3	208.4
0.90	1.950	14.92	41.41	76.15	118.6	170.1	227.3	292.4	360.2	438.7
0.95	4.100	36.14	89.07	158.0	233.0	342.6	456.4	586.9	730.6	889.7
0.96	6.310	49.55	137.1	201.4	307.8	433.2	576.5	740.4	920.3	1123
0.97	17.15	75.36	148.1	281.2	425.1	594.6	791.2	1015	1263	1539

Tabela 6.1 – Erro relativo pecentual entre os resultados advindos da teoria de Ockvirk e a teoria de mancais finitos

A tabela 6.1 foi colorida em função da grandeza do erro percentual relativo, da seguinte maneira:

Sem cor: ERRO < 10%;

Cinza claro: 10% ≤ ERRO < 50%;

Cinza: 50% ≤ ERRO < 100%;

Cinza escuro: ERRO ≥ 100%.

6.4 – Half speed whirl

Existe um fenômeno curioso que pode acontecer com um mancal hidrodinâmico radial sob carregamento dinâmico. Este fenômeno é denominado de "half speed whirl" (giro de meia velocidade) em inglês. Quando este fenômeno acontece o mancal perde a sustentação do mecanismo de wedge e o eixo do mancal encosta no alojamento, causando portanto contato metal-metal e a falha prematura do mesmo.

A velocidade circunferencial do fluido lubrificante (u) num mancal radial com alojamento fixo e fluído incompressível é composta de dois tipos de escoamentos distintos: escoamento de Couette e escoamento de Poisuielle.

Escoamento de Couette

Neste tipo de escoamento, as partículas do fluído são arrastadas pelo eixo e tem-se uma distribuição linear de velocidades, conforme esquematizado na figura 6.3.

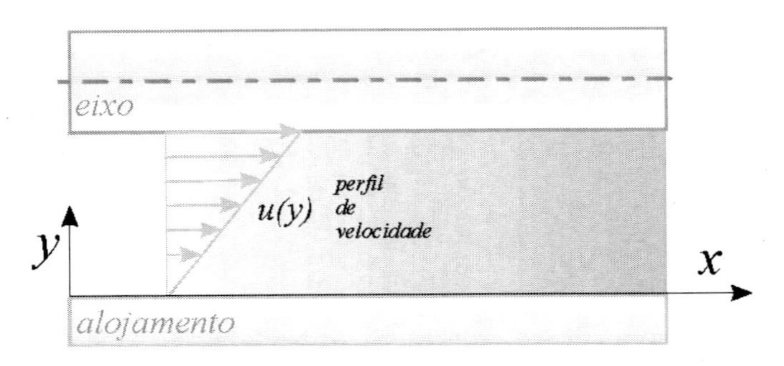

Figura 6.3 - Distribuição linear de velocidades

$$u(y) = \frac{U_2}{h} y \tag{6.48}$$

Escoamento de Poisuielle

Se houver um gradiente de pressão não nulo $\left(\frac{\partial p}{\partial x} \neq 0 \right)$ num fluído contido entre duas placas haverá um escoamento de formato parabólico.

$$u(y) = u_0 \left[y(y-h) \right] \tag{6.49}$$

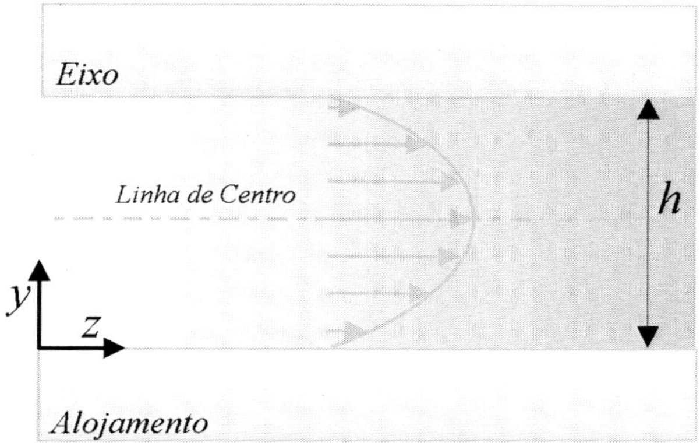

Figura 6.4 - Escoamento de Poisuielle

Considere a figura 6.5. Considerando somente o escoamento de Couette, tem-se:

$$\dot{m}_1 = \rho \frac{U_2}{2} h(\theta) L$$

$$\dot{m}_2 = \rho \frac{U_2}{2} h(\theta + \delta\theta) L \tag{6.50}$$

$$\dot{m}_3 = \rho \underbrace{(e\,\dot{\alpha}\,\text{sen}(\theta))}_{\text{velocidade}} \underbrace{(R\,\delta\theta\,L)}_{\text{Área}}$$

Na análise anterior foi considerado somente escoamento de Couette (que não necessita de gradiente de pressão). Se conseguirmos garantir conservação da massa somente com este escoamento, teremos então um caso em que o mancal não gera pressão hidrodinâmica.

$$\dot{m}_2 = \frac{\rho U_2 L}{2} h(\theta + \delta\theta) = \rho \frac{U_2 L}{2} \{ C[1 + \varepsilon \cos(\theta + \delta\theta)] \} =$$

$$\rho \frac{U_2 L}{2} \{ C[1 + \varepsilon \cos(\theta) \cos(\delta\theta) - \operatorname{sen}(\theta) \operatorname{sen}(\delta\theta)] \} = \tag{6.51}$$

$$\rho \frac{U_2 L}{2} \{ C[1 + \varepsilon \cos(\theta)] - e\, \delta\theta \operatorname{sen}(\theta) \}$$

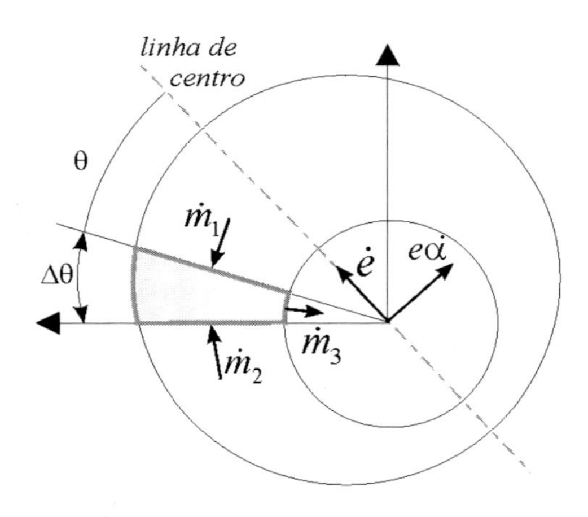

Figura 6.5 - Balanço de massa devido ao escoamento de Couette

Para conservação da massa, tem-se:

$$\dot{m}_1 = \dot{m}_2 + \dot{m}_3 \tag{6.52}$$

substituindo pela equação (6.51) em (6.50) e calculando a soma representada pela equação (6.52), tem-se :

$$\rho \frac{U_2}{2} h(\theta) L = \left[\frac{\rho U_2}{2} h(\theta) L - \frac{\rho U_2}{2} L e \delta\theta \operatorname{sen}(\theta) \right] + \rho e \dot{\alpha} \operatorname{sen}(\theta) R \delta\theta L \tag{6.53}$$

$$-\frac{\rho U_2 L}{2} e \delta\theta \operatorname{sen}(\theta) + \rho e \dot{\alpha} \operatorname{sen}(\theta) R \delta\theta L = 0 \tag{6.54}$$

Dividindo por $(\rho \times e \times L \times \delta\theta)$, tem-se:

$$-\frac{U_2}{2} \operatorname{sen}(\theta) + R \dot{\alpha} \operatorname{sen}(\theta) = 0 \tag{6.55}$$

Onde: $\dot{\alpha}$ = Velocidade angular da linha de centros (rad/s);

$U_2 = R\omega$ é a velocidade tangencial da superfície do eixo (m/s).

Substituindo por $U_2 = R\omega$ na equação (6.55), tem-se:

$$-\frac{R \omega \operatorname{sen}(\theta)}{2} + R \dot{\alpha} \operatorname{sen}(\theta) = 0 \tag{6.56}$$

$$R \operatorname{sen}(\theta) \left[\dot{\alpha} - \frac{\omega}{2} \right] = 0 \tag{6.57}$$

Observando a equação anterior, pode-se notar que quando a velocidade angular da linha de centros do mancal é igual à metade da velocidade angular do eixo, ou seja:

$$\dot{\alpha} = \frac{\omega}{2} \tag{6.58}$$

a equação da continuidade é satisfeita somente com o escoamento de Couette. Neste caso não existe o mecanismo wedge ou cunha, e o mancal não consegue gerar pressão hidrodinâmica apenas pela rotação do eixo. O único mecanismo de geração de pressão é o squeeze ou prensamento do filme de fluido lubrificante. O que implica dizer que:

$$\frac{de}{dt} = \dot{e} > 0 \tag{6.59}$$

e, neste caso, a órbita é uma espiral crescente, conforme esquematizado na figura 6.7.

Para verificar o fenômeno acima, considere a equação de Reynolds para um mancal radial com alojamento fixo e fluído incompressível:

$$\frac{\partial}{\partial x}\left(\frac{h^3}{12\mu}\frac{\partial p}{\partial x}\right) + \frac{\partial}{\partial z}\left(\frac{h^3}{12\mu}\frac{\partial p}{\partial z}\right) = \frac{R\omega}{2}\frac{\partial h}{\partial x} + \frac{\partial h}{\partial t} \tag{6.60}$$

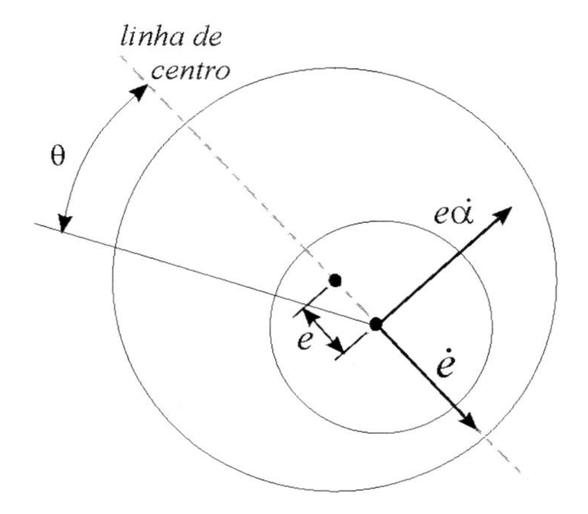

Figura 6.6 - Decomposição da velocidade $\dfrac{\partial h}{\partial t}$

Observando a figura 6.6, verifica-se que o último termo da equação anterior pode ser calculado da seguinte maneira:

$$\frac{\partial h}{\partial t} = \dot{e}\,\cos(\theta) + e\,\dot{\alpha}\,\text{sen}(\theta) \tag{6.61}$$

$$h = C\left[1 + \varepsilon\cos(\theta)\right] \tag{6.62}$$

$$\frac{\partial h}{\partial x} = -\frac{e}{R}\text{sen}(\theta) \quad \Rightarrow \quad -R\frac{\partial h}{\partial x} = e\,\text{sen}(\theta) \tag{6.63}$$

Substituindo por $e\,\text{sen}(\theta)$ em $\dfrac{\partial h}{\partial t}$ tem-se:

$$\frac{\partial h}{\partial t} = \dot{e}\cos(\theta) - \dot{\alpha}R\frac{\partial h}{\partial x} \tag{6.64}$$

Substituindo a expressão anterior na equação de Reynolds (6.50) tem-se:

$$\frac{\partial}{\partial x}\left(\frac{h^3}{12\mu}\frac{\partial p}{\partial x}\right) + \frac{\partial}{\partial z}\left(\frac{h^3}{12\mu}\frac{\partial p}{\partial z}\right) =$$

$$\frac{R\omega}{2}\frac{\partial h}{\partial x} - \dot{\alpha}R\frac{\partial h}{\partial x} - \dot{\alpha}R\frac{\partial h}{\partial x} + \dot{e}\cos(\theta) = \tag{6.65}$$

$$R\frac{\partial h}{\partial x}\left(\frac{\omega}{2} - \dot{\alpha}\right) + \dot{e}\cos(\theta)$$

$$\frac{\partial}{\partial x}\left(\frac{h^3}{12\mu}\frac{\partial p}{\partial x}\right) + \frac{\partial}{\partial z}\left(\frac{h^3}{12\mu}\frac{\partial p}{\partial z}\right) = R\frac{\partial h}{\partial x}\left(\frac{\omega}{2} - \dot{\alpha}\right) + \dot{e}\cos(\theta) \tag{6.66}$$

Pela equação anterior pode ser visto que se

$$\dot{\alpha} = \frac{\omega}{2} \tag{6.67}$$

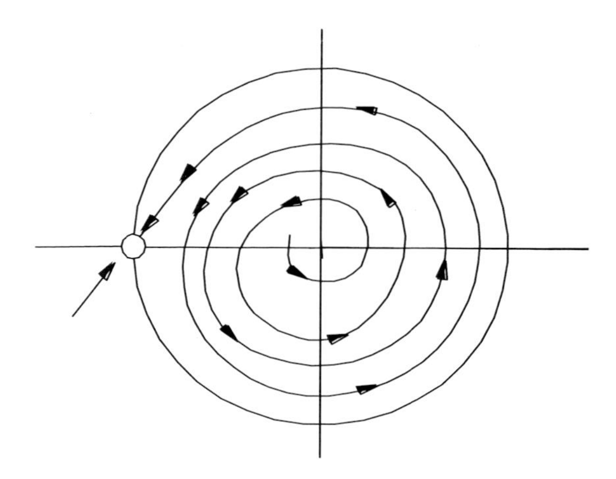

Figura 6.7 - Espiral crescente

não existe o mecanismo wedge ou cunha de sustentação hidrodinâmica. O único mecanismo de sustentação de carga é o squeeze ou prensamento do filme de fluido lubrificante:

$$\frac{\partial}{\partial x}\left(\frac{h^3}{12\mu}\frac{\partial p}{\partial x}\right)+\frac{\partial}{\partial z}\left(\frac{h^3}{12\mu}\frac{\partial p}{\partial z}\right)=\dot{e}\cos(\theta) \qquad (6.68)$$

E, neste caso, a órbita é uma espiral crescente, conforme esquematizado na figura 6.7.

Capítulo 7 - Solução numérica da equação de Reynolds para mancais radiais e carregamento estático

A equação de Reynolds para mancais radiais, com fluido lubrificante incompressível e carregamento estático, deduzida anteriormente, é dada a seguir:

$$\frac{\partial}{\partial x}\left(\frac{h^3}{12\mu}\frac{\partial p}{\partial x}\right)+\frac{\partial}{\partial z}\left(\frac{h^3}{12\mu}\frac{\partial p}{\partial z}\right)=\frac{R\omega}{2}\frac{\partial h}{\partial x} \qquad (7.1)$$

onde: p é a pressão no fluido lubrificante [Pa];

h é a espessura do filme do fluido lubrificante [m];

μ é a viscosidade dinâmica do fluido lubrificante [Pa s];

R é o raio do eixo do mancal [m];

ω é a velocidade angular do eixo do mancal [rad/s];

x e z são as coordenadas espaciais, circunferencial e axial respectivamente [m].

A expressão (7.1) representa uma equação elíptica de derivadas parciais de 2ª ordem. Existem dois métodos numéricos que tem sido usado com sucesso para a solução desta equação: diferenças finitas e elementos finitos. Neste livro será adotado o método das diferenças finitas. O motivo desta escolha é devido ao fato de que diferenças finitas é mais simples e intuitivo e sua compreensão e entendimento bem mais fácil. Além disso a implementação do algoritmo de solução da equação de Reynolds em um programa computacional é significativamente mais simples no caso de diferenças finitas e a precisão dos resultados obtidos é tão boa quanto à precisão obtida pelo método dos elementos finitos. Na realidade não existe nenhuma justificativa lógica convincente para se usar elementos finitos para a solução dessa equação, salvo em casos onde a geometria do mancal seja demasiadamente complexa e a equação de Reynolds não possa ser expressa por sistemas de coordenadas convencionais tais como coordenadas Cartesianas, cilíndricas, etc. Nestes casos o uso de elementos finitos pode ser uma opção válida e às vezes até necessário.

7.1 – Discrezitação do Domínio (Geração da Malha)

Cconforme mencionado anteriormente, o primeiro passo para se aplicar o método das diferenças finitas é a discretização do domínio. Considere um problema cujo domínio é definido por:

$$0 \leq x \leq L_x \qquad ; \qquad 0 \leq z \leq L_z \tag{7.2}$$

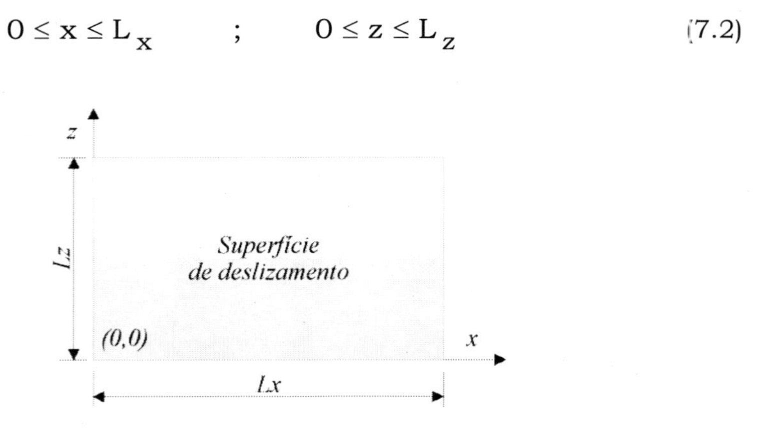

Figura 7.1 - Domínio do problema

Pode-se dividir este domínio em I_x pontos na direção x e I_z pontos na direção z. Desta maneira obtém-se um domínio discreto com I_x X I_z pontos. Neste novo domínio a posição de qualquer um dos I_x X I_z pontos é dada por:

$$(x,z)_{ij} = (x_i, z_j) = \lfloor (i-1)\Delta x, (j-1)\Delta z \rfloor \quad ; \quad i = 1,2,\cdots,I_x \quad , \quad j = 1,2,\cdots,I_z \tag{7.3}$$

onde :

$$\Delta x = \frac{L_x}{(I_x - 1)} \quad ; \quad \Delta z = \frac{L_z}{(I_z - 1)} \tag{7.4}$$

A pressão nestes pontos também pode ser representada analogamente

$$p(x_i, z_j) = p\left[(i-1)\Delta x, (j-1)\Delta z\right] \tag{7.5}$$

Para facilitar a nomenclatura usa-se $p_{i,j}$ para representar a pressão no ponto $\left[(i-1)\Delta x, (j-1)\Delta z \right]$, ou seja:

$$p_{i,j} = p(x_i, z_j) = p\left[(i-1)\Delta x, (j-1)\Delta z \right] \tag{7.6}$$

7.2 - Aplicação do método das diferenças finitas para a solução da equação de Reynolds

Desenvolvendo as derivadas da equação (7.1), tem-se:

$$\frac{3h^2}{12\mu}\left(\frac{\partial h}{\partial x}\right)\left(\frac{\partial p}{\partial x}\right)+\frac{h^3}{12\mu}\left(\frac{\partial^2 p}{\partial x^2}\right)+\frac{3h^2}{12\mu}\left(\frac{\partial h}{\partial z}\right)\left(\frac{\partial p}{\partial z}\right)+$$

$$\frac{h^3}{12\mu}\left(\frac{\partial^2 p}{\partial z^2}\right)=\frac{R\omega}{2}\left(\frac{\partial h}{\partial x}\right) \tag{7.7}$$

Multiplicando os dois lados da equação anterior por $\frac{12\mu}{3h^2}$ obtém-se:

$$\left(\frac{\partial h}{\partial x}\right)\left(\frac{\partial p}{\partial x}\right)+\frac{h}{3}\left(\frac{\partial^2 p}{\partial x^2}\right)+\left(\frac{\partial h}{\partial z}\right)\left(\frac{\partial p}{\partial z}\right)+\frac{h}{3}\left(\frac{\partial^2 p}{\partial z^2}\right)=\frac{2\mu R\omega}{h^2}\left(\frac{\partial h}{\partial x}\right) \tag{7.8}$$

As derivadas parciais presentes na expressão anterior podem ser aproximadas por expressões de diferenças finitas obtidas no capítulo 4 e reproduzidas a seguir:

$$\frac{\partial h}{\partial x} \approx \frac{h_{i+1,j} - h_{i-1,j}}{2\Delta x} \quad ; \quad \frac{\partial p}{\partial x} \approx \frac{p_{i+1,j} - p_{i-1,j}}{2\Delta x}$$

$$\frac{\partial^2 p}{\partial x^2} \approx \frac{p_{i+1,j} - 2p_{ij} + p_{i-1,j}}{(\Delta x)^2} \quad ; \quad \frac{\partial^2 p}{\partial z^2} \approx \frac{p_{i,j+1} - 2p_{ij} + p_{i,j-1}}{(\Delta z)^2} \tag{7.9}$$

Substituindo pelas aproximações das derivadas parciais dadas pela equação (7.9) na equação (7.8), tem-se:

$$\left(\frac{h_{i+1,j} - h_{i-1,j}}{2\Delta x}\right)\left(\frac{p_{i+1,j} - p_{i-1,j}}{2\Delta x}\right) +$$

$$\frac{h_{i,j}}{3}\left(\frac{p_{i+1,j} - 2p_{i,j} + p_{i-1,j}}{(\Delta x)^2}\right) + \left(\frac{h_{i,j+1} - h_{i,j-1}}{2\Delta z}\right)\left(\frac{p_{i,j+1} - p_{i,j-1}}{2\Delta z}\right) +$$

$$\frac{h_{i,j}}{3}\left(\frac{p_{i,j+1} - 2p_{i,j} + p_{i,j-1}}{(\Delta z)^2}\right) = \frac{2\mu R\omega}{h_{i,j}^2}\left(\frac{h_{i+1,j} - h_{i-1,j}}{2\Delta x}\right) \tag{7.10}$$

Que pode ser expressa da seguinte maneira:

$$p_{i,j} = \frac{\left[C_e p_{i-1,j} + C_d p_{i+1,j} + C_i p_{i,j-1} + C_s p_{i,j+1} + C_c \right]}{D}$$

$$i = 2,3,\cdots,(I_x - 1) \qquad ; \qquad j = 2,3,\cdots(I_z - 1)$$

(7.11)

A equação (7.11) representa um sistema de equações algébricas. Essas equações são expressões a partir das quais pode-se calcular o valor da pressão num determinado ponto (i, j) da malha em função dos valores da pressão nos pontos adjacentes, conforme esquematizado na figura 7.2.

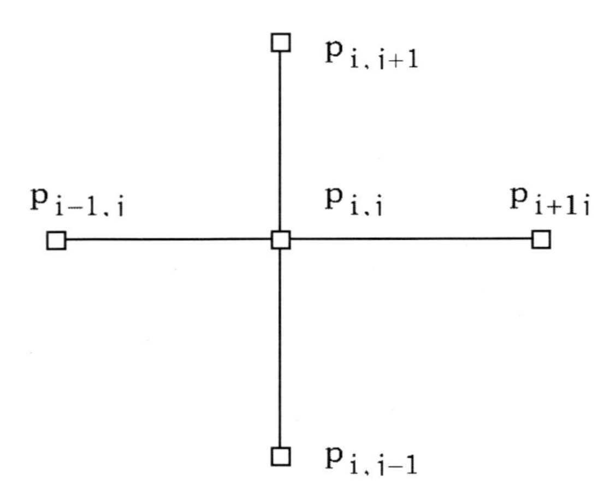

Figura 7.2 - Molécula computacional

Os coeficientes que aparecem na expressão 7.11 são expressões que multiplicam o valor das pressões nos pontos adjacentes da malha. Para facilitar a manipulação destes coeficientes adotou-se uma convenção para os índices dos mesmos:

C_i é o coeficiente que multiplica o valor da pressão no ponto **i**nferior ao ponto (i,j);

C_s é o coeficiente que multiplica o valor da pressão no ponto **s**uperior ao ponto (i,j);

C_e é o coeficiente que multiplica o valor da pressão no ponto à **e**squerda do ponto (i,j);

C_d é o coeficiente que multiplica o valor da pressão no ponto à **d**ireita do ponto (i,j);

C_c é o coeficiente **c**entral que multiplica o valor dos termos que ficam ao lado direito da equação (7.10)

Fazendo a álgebra necessária, verifica-se que o valor numérico dos coeficientes anteriores pode ser calculado através das seguintes expressões:

$$C_i = \left[\frac{h_{i,j}}{3\Delta z^2} - \frac{h_{i,j+1} - h_{i,j-1}}{4\Delta z^2} \right] \tag{7.12}$$

$$C_s = \left[\frac{h_{i,j}}{3\Delta z^2} + \frac{h_{i,j+1} - h_{i,j-1}}{4\Delta z^2} \right] \tag{7.13}$$

$$C_e = \left[\frac{h_{i,j}}{3\Delta x^2} - \frac{h_{i+1,j} - h_{i-1,j}}{4\Delta x^2} \right] \tag{7.14}$$

$$C_d = \left[\frac{h_{i,j}}{3\Delta x^2} + \frac{h_{i+1,j} - h_{i-1,j}}{4\Delta x^2} \right] \tag{7.15}$$

$$C_c = \left[\frac{-2\mu U}{h_{i,j}^2} \left(\frac{h_{i+1,j} - h_{i-1,j}}{2\Delta x} \right) \right] \tag{7.16}$$

$$D = \left[2\frac{h_{i,j}}{3} \left(\frac{1}{\Delta x^2} + \frac{1}{\Delta z^2} \right) \right] \tag{7.17}$$

Conforme mencionado anteriormente a equação (7.11) representa um sistema de equações algébricas de ordem $(I_x - 2) \times (I_z - 2)$, onde as incógnitas são as pressões nos pontos interiores da malha (ou domínio discretizado). A solução deste sistema de equações algébricas juntamente com a imposição das condições de contorno do problema em questão, fornecerá o valor da pressão em todos os pontos da malha, que é exatamente o que se deseja através da solução da equação de Reynolds.

As condições de contorno, como será explicado a seguir, são de dois tipos distintos. No primeiro tipo são estipulados os valores de pressão relativa (ao invés de absoluta) no contorno do domínio em questão, que neste caso assumem um valor nulo (isto se deve ao fato de que ao longo de seu contorno a pressão no mancal é igual à pressão atmosférica ou pressão relativa nula), ou seja:

(i) Valores das pressões relativas ao longo do lado esquerdo e direito do domínio:

$$p_{1,j} = p_{I_x,j} = 0 \quad , \; j = 1,2,\dots,I_z \tag{7.18}$$

(ii) Valores das pressões relativas ao longo do lado inferior e superior do domínio:

$$p_{1,j} = p_{I_x,j} = 0 \quad , \; j = 1,2,\dots,I_z \tag{7.19}$$

Como pode ser visto, as condições de contorno anteriores forçam os valores da pressão (relativa) nos contornos geométricos da malha a assumirem um valor nulo, conforme esquematizado na figura 7.2.

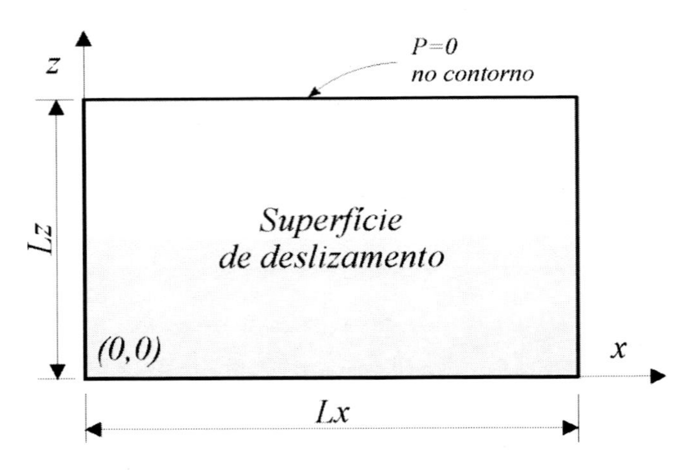

Figura 7.2 - Condições de contorno geométricas

O segundo tipo de condição de contorno é conhecido como condição de contorno de Reynolds

$$\text{se} \quad p_{i,j} < p_{cav} \qquad \text{então} \qquad p_{i,j} \leftarrow p_{cav}$$
$$\text{para} \quad i = 2,3,\cdots(I_x - 1) \quad ; \quad j = 2,3,\cdots(I_z - 1) \tag{7.20}$$

A imposição desta condição de contorno torna-se necessária para que a solução obtida seja fisicamente realista. Quando se resolve um sistema de equações algébricas como o dado pela expressão (7.11), é matematicamente possível que valores negativos sejam obtidos como uma solução ***matemática*** do sistema em questão. Fisicamente isto implica dizer que a pressão relativa no fluido é negativa ou que o fluido está em regime de tração mecânica. Porém, sabe-se que um fluido resiste muito pouco à tração. Quando sua pressão cai abaixo de um determinado valor, conhecido como pressão de cavitação (p_{cav}), o fluido passa por uma transformação de fase, indo de uma fase líquida para uma fase gasosa, porém sua pressão permanece constante e numericamente igual ao valor da pressão de cavitação. Ou seja, soluções numéricas com valores de pressão abaixo deste valor são simplesmente soluções matemáticas do sistema de equações algébricas mas não tem significado físico.

7.3 – Solução numérica das equações algébricas resultantes

O sistema algébrico resultante seria linear se não fosse pela condição de contorno de Reynolds e se assim fosse poderíamos até tentar algum método direto de solução de sistemas lineares, como o método de eliminação de Gauss, por exemplo. Porém a condição de contorno de Reynolds torna-o altamente não linear. É possível resolver este sistema por meio de métodos iterativos de solução de sistemas lineares apresentados no capítulo 4, mas faz-se aqui necessário expressar alguns comentários pertinentes e curiosos a respeito deste assunto.

A imposição da condição de contorno de Reynolds faz com que a cada nível de iteração da solução, novos valores de pressão sejam impostos naqueles pontos onde a pressão cai abaixo da pressão de cavitação. Isto implica dizer que a cada nova iteração a fronteira líquida do fluido lubrificante muda de posição. Devido a este fato este problema é comumente denominado de problema de fronteira livre.

Talvez a maneira correta e matematicamente mais rigorosa de resolver um problema de fronteira livre, como é o caso aqui, seja através de inequações variacionais. A aplicação do método de inequações variacionais para a solução deste exato problema (mancais hidrodinâmicos) foi trabalhada com sucesso, pela primeira vez, por Carlos A. de Moura e Mariângela Amêndola [1, 26 e 27].

Porém, conforme mencionado, é possível, também, resolver este tipo de problema através de métodos iterativos de solução de sistemas lineares. Para tornar o material aqui mais acessível, conforme mencionado anteriormente no prefácio, o método de solução adotado aqui foi o método iterativo de SOR (Sucessive Over Relaxation). De acordo com este método, desenvolvido em detalhe no capítulo 4, o valor da pressão no ponto (i, j) dado pela k-ésima iteração é:

$$p_{i,j}^{(k+1)} = p_{i,j}^{(k)} + \beta\left[p_{i,j}^{\otimes} - p_{i,j}^{(k)}\right] \tag{7.21}$$

Onde $P_{i,j}^{\otimes}$ é o valor da pressão dado pela (k)-ésima iteração do método iterativo de Gauss-Seidel:

$$p_{i,j}^{\otimes} = \frac{\left(C_e p_{i-1,j}^{(k+1)} + C_d p_{i+1,j}^{(k+1)} + C_i p_{i,j-1}^{(k+1)} + C_s p_{i,j+1}^{(k+1)} + C_c \right)}{D} \tag{7.22}$$

O valor ótimo de β pode ser calculado teoricamente, porém os métodos para este cálculo são extremamente trabalhosos, pois necessitam técnicas sofisticadas de manipulação de expressões algébricas e muito tempo de processamento. Na prática torna-se mais viável calcular esse valor através de tentativa e erro, conforme será explicado a seguir.

Sabe-se apriori que este valor deve ser maior que 0 (zero) e menor que 2 (dois) [36], ou seja:

$$0 < \beta < 2 \tag{7.23}$$

Para iniciar o procedimento do cálculo do fator ótimo de relaxação, estima-se um valor de β que esteja mais próximo do zero, por exemplo um valor de 0.1, e um valor de β que esteja mais próximo de 2, por exemplo um valor de 1.9. Em seguida divide-se este intervalo em vários pontos, por exemplo 10 pontos. Em seguida usa-se cada um destes 10 valores e resolve-se o problema em questão anotando, a cada cálculo, o número de iterações necessárias para a obtenção da convergência da solução. Após esta etapa pode-se já construir um gráfico do número de iterações necessárias para a convergência da solução em função do valor usado para o fator de relaxação, conforme esquematizado na figura 7.3. Se desejar, este procedimento pode ser repetido, usando agora valores na vizinhança do valor mínimo da curva construída, obtendo assim uma maior precisão no valor de β ótimo.

Seguindo este procedimento, é então possível calcular um valor numérico que pode ser usado para o valor ótimo de relaxação para cada problema em questão. Através desta metodologia é possível construir uma pequena tabela cujos valores de entrada são os números de pontos nas direções x e y e o valor de saída seja o valor ótimo de relaxação a ser usado na solução do problema. Para quem não tiver tempo ou disposição para gerar tais valores, a tabela 7.1 apresenta alguns valores de referência que podem ser usados.

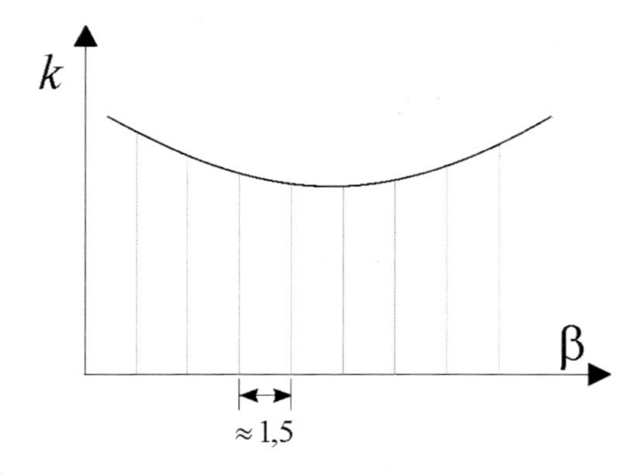

Figura 7.3 - Cálculo do valor ótimo de β

Ix	**Iy**	**Beta**
10	20	1.50
10	30	1.50
10	40	1.55
20	30	1.55
20	40	1.60
20	50	1.65
50	50	1.70
50	70	1.75
50	100	1.85

Tabela 7.1 – Valor ótimo do fator de relaxação para alguns tamanhos de malha

Um cuidado especial deve ser tomado para não usar um valor muito alto para beta. Geralmente para valores maiores que 1.85 o método iterativo tende a divergir. Se em dúvida use um valor de 1.5, a convergência pode demorar um pouco mais que o usual mas a probabilidade de convergência é maior.

Como em todo método iterativo de solução, é necessário estipular um critério de convergência (ou critério de parada).

Critério de Convergência: Na solução do sistema algébrico resultante, usa-se o método da relaxação K vezes, onde K é o número de iterações tal que:

$$\frac{\left|P_{i,j}^{(K)} - P_{i,j}^{(K-1)}\right|}{\left|P_{i,j}^{(K)}\right| + \varepsilon} < \delta \tag{7.24}$$

onde: $\in$ é um número positivo bem pequeno (vide comentário abaixo)$^{\otimes}$,

δ é um número inversamente proporcional à precisão desejada.

$^{\otimes}$É importante que esse número seja pequeno o suficiente para não interferir com a precisão dos valores obtidos. Uma regra prática e simples que pode ser usada para a obtenção do valor desse número é dada a seguir:

$$\varepsilon = 10^{-\frac{q}{2}} \tag{7.25}$$

onde q é um número obtido de 10^{-q} que é o menor número positivo representável pelo computador com o qual se está trabalhando.

Um outro cuidado que deve ser tomado é o de evitar que o computador não consiga parar o processo iterativo caso o critério de convergência acima não seja satisfeito, por algum motivo. Ou seja o computador continuará o processo iterativo e só irá parar quando a desigualdade (7.24) for satisfeita. Se houver algum tipo de problema na construção do algoritmo, ou qualquer outro tipo de problema que impeça a obtenção dessa desigualdade, então o computador continuará fazendo cálculos e não terá como pará-lo. Para contornar esse tipo de problema, é necessário estipular, também, um número máximo de iterações (K_{max}). Desta maneira o computador irá fazer os cálculos programados e a cada nível de iteração o mesmo faz a verificação da desigualdade (7.24), porém agora o cálculo será encerrado se:

$$\frac{\left|P_{i,j}^{(K)} - P_{i,j}^{(K-1)}\right|}{\left|P_{i,j}^{(K)}\right| + \varepsilon} < \delta \qquad \text{ou} \qquad K \geq K_{max} \qquad (7.26)$$

Desta maneira evita-se que o computador entre num laço ("loop") infinito.

Um outro ponto importante a ser mencionado aqui para que se consiga resultados confiáveis nos cálculos é a precisão. O ideal é trabalhar com um computador que consiga representar números numa faixa de 10 a 14 algarismos significativos. Esta é uma regra baseada em observação empírica da precisão dos resultados em função da complexidade do problema e tamanho da malha em questão. Não existe nenhuma teoria matemática devidamente formalizada que pode ser usada para estabelecer este critério. Isto, na prática, implica:

- trabalhar com precisão simples no caso de um computador que tenha palavra de 64 bits;

- trabalhar com precisão dupla no caso de um computador que tenha palavra de 32 bits ou

- trabalhar com precisão dupla ou quádrupla no caso de um computador que tenha palavra de 16 bits.

Porém, sabe-se que usar precisões duplas e principalmente quádruplas degredam muito a performance de um computador. Se não houver um computador com uma palavra de pelo menos 32 bits disponível, pode-se tentar obter a solução com precisão dupla apenas. Neste caso, ou seja um computador com palavra de 16 bits e precisão dupla, o número de algarismos significativos é em torno de 8 o que implica dizer que o computador consegue representar internamente qualquer número com apenas oito casas decimais. Essa precisão, apesar de não ser a ideal, pode ser satisfatória para uma vasta gama de problemas desta natureza. Aqui o leitor terá que usar seu senso prático, verificando a veracidade das soluções através de comparações com dados de literatura ou dados advindos de experimentos análogos.

O número de pontos no domínio discretizado ou o número de pontos na malha varia em função do problema em questão e é difícil de estabelecer apriori um valor que sirva adequadamente para qualquer problema. Na realidade cada problema em questão tem um número de subdivisões adequado para ambas as dimensões. Não existe uma resposta em absoluto para esta questão, pois não existe uma regra geral para a determinação do número de pontos necessários para uma discretização adequada da malha. Porém, uma discretização adequada é importante para que se possa obter soluções precisas com um mínimo tempo de processamento. Este problema é importante e requer uma explicação mais detalhada.

Sabe-se que, genericamente, quanto mais pontos a malha tiver maior é a precisão obtida na solução do problema. Porém, deve-se tomar um certo cuidado aqui. Imagine que você comece com uma malha com I_x pontos na direção x e I_z pontos na direção z, onde ambos I_x e I_z são números pequenos, por exemplo 5 digamos. Neste caso tem-se o que é comumente denominado de uma malha grosseira. Resolve-se a equação de Reynolds e obtem-se uma solução não muito precisa. Após esta etapa suponha que você multiplique o número de pontos por 2 (dois) em ambas as dimensões, tem-se então 10 pontos na direção x e 10 pontos na direção z e repetem-se os cálculos anteriores, obtendo-se por conseqüência resultados mais precisos. Continuando este procedimento de multiplicar o número de pontos por 2 (dois) em ambas as direções e resolvendo a equação de Reynolds, os resultados obtidos vão se tornando mais precisos. Porém, chega um determinado momento em que ao aumentarmos o número de pontos na malha a precisão dos resultados diminui ao invés de aumentar. Isso acontece porque quanto maior for o número de pontos na malha maior é o número de operações necessárias para resolver o sistema algébrico resultante da discretização da equação de Reylnods. Como estamos trabalhando com uma máquina que representa números internamente com um número finito e relativamente pequeno (8 ou 14) de casas decimais o que acontece é que a acumulação de erros começa a ficar significativa e a partir de um determinado ponto qualquer outra refinação na malha irá diminuir (ao invés de aumentar) a precisão dos resultados.

A título de referência, para um mancal "típico", com carregamento não muito severo (o que, como será visto posteriormente, implica um fator de excentricidade não maior que 0,95), obtem-se resultados razoáveis com os seguintes valores:

$$I_x = 40 \quad ; \quad I_z = 25$$

$$\delta = 10^{-8} \quad ; \quad \varepsilon = 10^{-30} \quad ; \quad K_{MAX} = 500 \tag{7.27}$$

para um computador com uma palavra com 16 bits e precisão dupla.

O método explicado em detalhe, anteriormente, para a obtenção da solução da equação de Reynolds e conseqüentemente do campo de pressão hidrodinâmica na superfície de deslizamento do mancal pode ser facilmente implementado. No Apêndice A é apresentada a listagem de um programa escrito em FORTRAN onde todos os passos da metodologia anterior foram implementados para a solução da equação de Reynolds em coordenadas Cartesianas.

Capítulo 8 – Cálculo de Parâmetros Operacionais em Mancais Hidrodinâmicos Radiais e Carregamento Estático

Neste capítulo será desenvolvida toda a teoria matemática, assim como todos os algoritmos de solução numérica, necessários para o cálculo de todos os parâmetros operacionais de interesse prático para mancais hidrodinâmicos radiais com carregamento estático, a partir dos valores de pressão calculados no capítulo 7.

8.1 - Força de sustentação hidrodinâmica

Tendo calculado o valor da pressão hidrodinâmica, de acordo com a metodologia anterior, pode-se então calcular a força de sustentação hidrodinâmica gerada pelo mancal. A força de sustentação de um mancal é dada pela integral da pressão pela área do mesmo ao longo da superfície de deslizamento.

A forca hidrodinâmica, ou força de sustentação de um mancal pode ser decomposta em dois componentes. Um paralelo à linha de centros do mancal e o outro perpendicular à mesma, conforme esquematizado na figura 8.1.

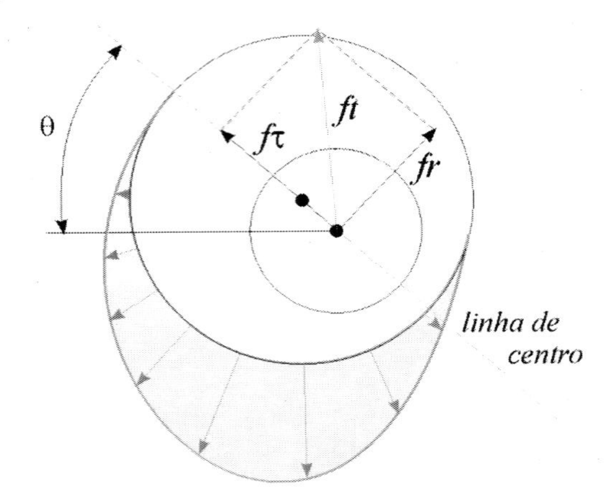

Figura 8.1 - Campo de pressão hidrodinâmica

Observando a figura acima, pode-se perceber que o componente perpendicular à linha de centros do mancal pode ser calculado pela seguinte expressão:

$$f_r = -\int_{z=0}^{L} \int_{\theta=0}^{2\pi} p(\theta, z)\cos(\theta) R d\theta dz \tag{8.1}$$

E o componente paralelo à linha de centros pode ser calculado pela seguinte expressão:

$$f_\tau = \int_{z=0}^{L} \int_{\theta=0}^{2\pi} p(\theta, z)\, sen(\theta) R\, d\theta dz \tag{8.2}$$

No caso discreto, as integrais podem ser aproximadas por:

$$f_r \approx -\sum_{i=1}^{I_x}\sum_{j=1}^{I_z} p_{i,j} \cos\left(\frac{x_i}{R}\right)\Delta x_i \Delta z_j \tag{8.3}$$

$$f_\tau \approx \sum_{i=1}^{I_x}\sum_{j=1}^{I_z} p_{i,j} \,\mathrm{sen}\left(\frac{x_i}{R}\right)\Delta x_i \Delta z_j \tag{8.4}$$

Nas equações anteriores foi usado o fato de que o ângulo θ em qualquer ponto (i, j) da malha é dado por:

$$\theta_{i,j} = \theta_i = \frac{x_i}{R} = \frac{(i-1)\Delta x}{R} \tag{8.5}$$

A força hidrodinâmica (F_h) total ou força de sustentação do mancal é dada por:

$$F_h = \sqrt{f_r^2 + f_\tau^2} \tag{8.6}$$

O ângulo entre o eixo vertical e a linha de centros do mancal é denominado de ângulo de carga (φ) do mancal em questão. Este ângulo pode ser calculado pela seguinte expressão:

$$\varphi = \tan^{-1}\left(\frac{f_\tau}{f_r}\right) \tag{8.7}$$

8.2 – Potência de acionamento

Potência de acionamento é o nome dado para a potência necessária para girar o eixo do mancal na sua velocidade angular de funcionamento. Toda essa potência é transformada em calor através do atrito viscoso no fluido lubrificante.

A velocidade $u(y)$ deduzida anteriormente é dada por:

$$u(y) = \frac{1}{2\mu}\left(\frac{\partial p}{\partial x}\right)\left[y(y-h)\right] + \left(\frac{U_2}{h}\right)y \tag{8.8}$$

Diferenciando a velocidade u(y) com relação à y, tem-se:

$$\frac{\partial u}{\partial y} = \frac{1}{2\mu}\left(\frac{\partial p}{\partial x}\right)\left[2y-h\right] + \left(\frac{U_2}{h}\right) \tag{8.9}$$

O valor da expressão acima no ponto y=h é dado por:

$$\left(\frac{\partial u}{\partial y}\right)_{y=h} = \frac{1}{2\mu}\left(\frac{\partial p}{\partial x}\right)\left[2h - h\right] + \left(\frac{U_2}{h}\right) =$$

$$\frac{h}{2\mu}\left(\frac{\partial p}{\partial x}\right) + \left(\frac{U_2}{h}\right) \tag{8.10}$$

A tensão de cizalhamento no eixo é dada por:

$$\tau = \mu\left(\frac{\partial u}{\partial y}\right)_{y=h} \tag{8.11}$$

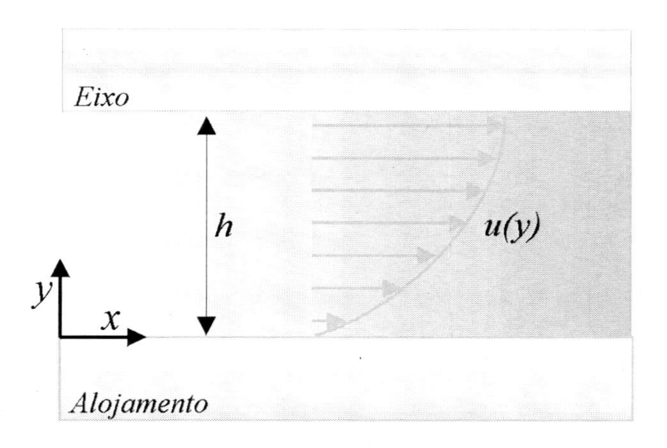

Figura 8.2 - Tensão de cizalhamento no eixo

Substituindo pela equação (8.11) na equação (8.10), tem-se:

$$\tau = \mu\left(\frac{\partial u}{\partial y}\right)_{y=h} = \mu\left[\frac{h}{2\mu}\left(\frac{\partial p}{\partial x}\right)+\frac{U_2}{h}\right] \tag{8.12}$$

A força de atrito na superfície do eixo é dada por:

$$F_A = \int_{z=0}^{L}\int_{\theta=0}^{2\pi} \tau\, R\; d\theta dz \tag{8.13}$$

E a potência de acionamento é dada pelo produto da força de atrito na superfície do eixo e sua velocidade angular também na superfície, ou seja:

$$\dot{W} = F_A U_2 = U_2 \int_{\theta=0}^{2\pi}\int_{z=0}^{L} \tau R\; d\theta dz =$$

$$R\omega \int_{\theta=0}^{2\pi}\int_{z=0}^{L} \tau R\; d\theta dz = R^2\omega \int_{\theta=0}^{2\pi}\int_{z=0}^{L} \tau\; d\theta dz \tag{8.14}$$

Substituindo por τ dado pela equação (8.12) em $\dot{W}$, equação (8.14), tem-se:

$$\dot{W} = R^2 \omega \int_{\theta=0}^{2\pi} \int_{z=0}^{L} \left[\frac{h}{2} \left(\frac{\partial p}{\partial x} \right) + \mu \frac{U_2}{h} \right] d\theta dz \qquad (8.15)$$

No caso discreto a integral acima pode ser aproximada por:

$$\dot{W} \approx R^2 \omega \sum_{L=1}^{Ix} \sum_{j=1}^{Iz} \left[\frac{h_{i,j}}{2} \left(\frac{p_{i+1,j} - p_{i-1,j}}{\Delta x_{i-1} + \Delta x_i} \right) + \frac{\mu U_2}{h_{i,j}} \right] \Delta\theta_i \Delta z_j \qquad (8.16)$$

Onde: $\Delta x_i = R \Delta\theta_i$

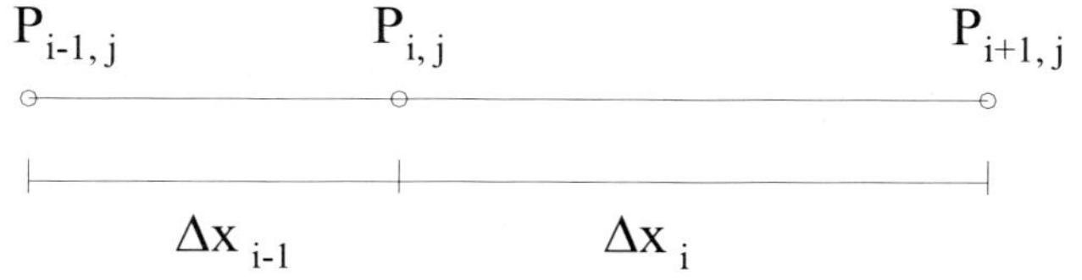

$P_{i-1,j}$ $\qquad$ $P_{i,j}$ $\qquad$ $P_{i+1,j}$

Δx_{i-1} $\qquad$ Δx_i

8.3 - Viscosidade média de funcionamento do fluido lubrificante

Antes de calcular a viscosidade média de funcionamento de um fluído lubrificante, é importante verificar como o mesmo se comporta em função de seu estado termodinâmico (temperatura e pressão).

A viscosidade de um fluído lubrificante comum (SAE 10, 20,...,70), operando à baixas pressões, varia muito pouco com a pressão, mas varia exponencialmente com a temperatura, conforme mostrado na figura 8.3.

Como pode ser visto na figura 8.3, para temperatura altas (T > 120 ^{o} C) existe pouca variação da viscosidade com temperatura e tipo de óleo, porém para temperaturas baixas (T < 50 ^{o} C) a variação é drástica.

A variação média ("bulk") da temperatura é dada por:

$$\Delta T = \frac{\dot{W}_{óleo}}{\dot{m}\, c_p} \tag{8.17}$$

onde: $\Delta T \equiv$ Variação média da temperatura do óleo lubrificante (°C)

$\dot{W}_{óleo} \equiv$ Calor fornecido ao óleo lubrificante (W)

$\dot{m} \equiv$ Vazão mássica do óleo lubrificante (kg/s)

$c_p \equiv$ Calor específico do óleo lubrificante à pressão constante (J/kg-°C)

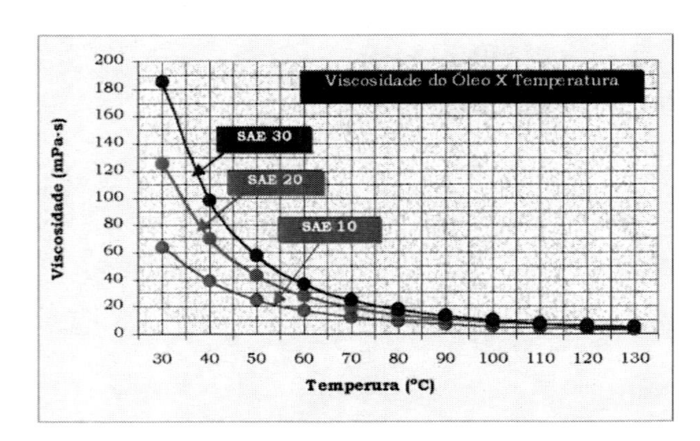

Figura 8.3 - Variação da viscosidade do óleo em função da temperatura

Num mancal qualquer uma certa porcentagem do calor gerado por atrito no fluido lubrificante é absorvido pelo eixo e alojamento. Em geral, para a grande maioria dos mancais, essa porcentagem gira em torno de 20%, e o restante (80%) é absorvido pelo fluido lubrificante, ou seja:

$$\dot{W}_{óleo} \approx 0.8\,\dot{W} \tag{8.18}$$

Assumindo que a temperatura média de funcionamento do fluido lubrificante seja uma média entre sua temperatura de entrada e a de saída do mancal, pode-se aproximar a temperatura média de funcionamento do fluido lubrificante por:

$$T_{óleo} \approx \left(\frac{T_e + T_s}{2} \right) \tag{8.19}$$

Sabe-se que a temperatura do fluido lubrificante na saída do mancal é dada pela sua temperatura na entrada mais o acréscimo devido à absorção de calor advindo do atrito no fluido. Assim sendo tem-se que

$$T_s = T_e + \Delta T = T_e + \frac{\dot{W}_{óleo}}{\dot{m}\,c_p} = T_s \tag{8.20}$$

A equação acima mostra que T_s é uma função de $\dot{W}_{oleo}$ e $\dot{m}$ que por sua vez são funções da viscosidade e portanto de T_s. Isto implica que tem-se aqui uma equação implícita onde T_s deve ser calculada através de um processo iterativo. O algoritmo adotado aqui se resume em:

(a) Dar uma aproximação inicial para T_s;

(b) Calcular $\dot{W}_{óleo}$, $\dot{m}$ e T_s;

(c) Se T_s calculado for diferente do T_s estimado, refazer estimativa e voltar par item (b).

É possível calcular uma seqüência de temperaturas através da fórmula:

$$T_{óleo}^{(k+1)} = T_{óleo}^{(k)} + \gamma \left| T_{oleo}^{*} - T_{oleo}^{(k)} \right| \tag{8.21}$$

Onde: T_{oleo}^{*} é o último valor calculado

γ é um fator de subrelaxação (função do tipo do fluido lubrificante e temperatura). Para que o processo convirja, o valor de γ deve estar entre 0.1 e 0.3.

Admite-se convergência quando:

$$\frac{\left|T_{óleo}^{(k+1)} - T_{óleo}^{(k)}\right|}{\left|T^{(k+1)}\right| + \varepsilon} < \delta \qquad \text{ou} \qquad k \geq K_{max} \tag{8.22}$$

8.4 – Vazão do fluido lubrificante

A velocidade axial do fluído lubrificante, deduzida anteriormente, é dada por:

$$w(y) = \frac{1}{2\mu}\left(\frac{\partial p}{\partial z}\right)\left[y\left(y-h\right)\right] \tag{8.23}$$

A vazão mássica que escoa no sentido axial em qualquer ponto z é dada por:

$$\dot{m} = \int_{\theta=0}^{2\pi}\int_{y=0}^{h(\theta)} \rho w(y) R d\theta dy \tag{8.24}$$

onde: $\dot{m}$ = vazão mássica (kg/s)

ρ = densidade do fluido lubrificante (kg/m^3)

Substituindo por w(y) na integral acima e integrando com relação à y obtém-se:

$$\dot{m} = \frac{\rho R}{12\mu} \int_{\theta=0}^{2\pi} \left[h^3 \left(\frac{\partial p}{\partial z} \right) \right] d\theta \qquad (8.25)$$

A vazão do fluido lubrificante que escoa para fora do mancal é dada pela integral acima com o valor do integrando nas bordas do mancal, ou seja :

$$\dot{m} = \frac{\rho R}{12\mu} \int_{\theta=0}^{2\pi} \left[\left(h^3 \frac{\partial p}{\partial z} \right)_{z=-\frac{L}{2}} - \left(h^3 \frac{\partial p}{\partial z} \right)_{z=\frac{L}{2}} \right] d\theta \qquad (8.26)$$

Se o campo de pressão for simétrico, pode-se usar:

$$\dot{m} = \frac{2\rho R}{12\mu} \int_{\theta=0}^{2\pi} \left[\left(h^3 \frac{\partial p}{\partial z} \right)_{z=-\frac{L}{2}} \right] d\theta = -\frac{2\rho R}{12\mu} \int_{\theta=0}^{2\pi} \left[\left(h^3 \frac{\partial p}{\partial z} \right)_{z=\frac{L}{2}} \right] d\theta$$

(8.27)

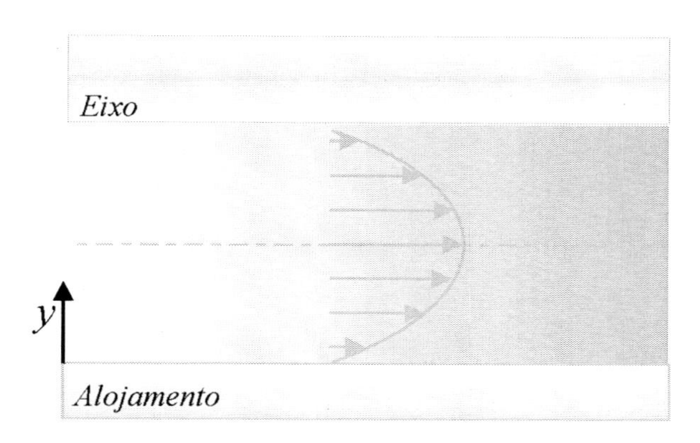

Figura 8.4 - Campo de velocidade no escoamento

No caso discreto pode-se aproximar as derivadas anteriores por diferenças finitas e a integral por somatória. Assim sendo tem-se:

$$\dot{m} \approx \frac{\rho}{12\mu} \sum_{i=1}^{Ix} \left[h_{i,1}^{3} \left(\frac{p_{i,2} - p_{i,1}}{\Delta z_{1}} \right) - h_{i,Iz}^{3} \left(\frac{p_{i,Iz} - p_{i,Iz-1}}{\Delta z_{I_{z-1}}} \right) \right] \Delta x_{i}$$

(8.28)

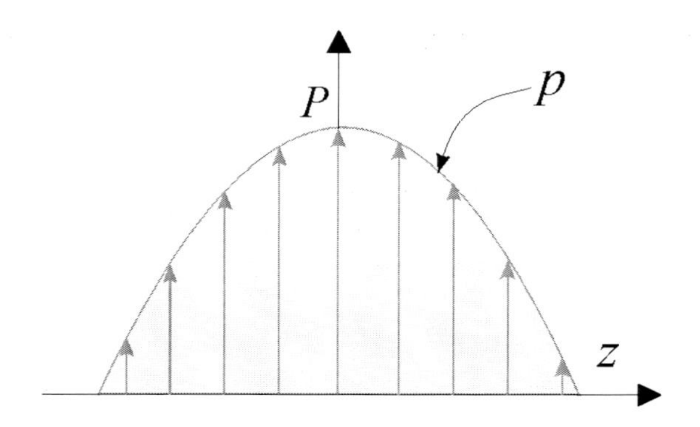

Figura 8.5 - Distribuição de pressão

"Oil Starvation": A vazão do fluido lubrificante calculada é a quantidade do fluido lubrificante que o mancal expulsa axialmente devido ao gradiente de pressão no filme de fluido lubrificante. Isso significa que a quantidade de fluido lubrificante fornecida ao mancal deve ser maior ou igual à quantidade calculada. Caso contrário faltará fluido lubrificante para manter a lubrificação no regime hidrodinâmico com conseqüências catastróficas para o mancal. É o que comumente se chama de "Oil Starvation".

8.5 – Equilíbrio de forças – cálculo do fator de excentricidade de equilíbrio

Quando uma força é aplicada a um mancal hidrodinâmico as superfícies de deslizamento se deslocam (aproximam ou separam), até atingir uma distância de equilíbrio. Se o mancal for radial pode-se considerar um fator de excentricidade de equilíbrio. Seja W a força aplicada ao mancal e $F_h(\varepsilon)$ a força hidrodinâmica gerada pelo mesmo devido à um fator de excentricidade ε. Seja ε^* o fator de excentricidade tal que :

$$F_h(\varepsilon^*) = W \tag{8.29}$$

Existe um fator de excentricidade ε^* para o qual a força hidrodinâmica gerada pelo mancal é igual à força aplicada ao mesmo, ou seja:

$$F_h(\varepsilon^*) = F_A \tag{8.30}$$

O problema, então, se reduz a encontrar o valor de ε^*. Neste caso foi usado o método da bissecção. Para a implementação do mesmo é necessário definir valores limites para o valor do fator de excentricidade:

- ❑ $\varepsilon_{min} \equiv$ Valor mínimo do fator de excentricidade, que como se sabe, pela própria definição, o menor valor que o fator de excentricidade pode assumir é 0 (zero);

- ❑ $\varepsilon_{max} \equiv$ Valor máximo do fator de excentricidade, que como se sabe, pela própria definição, o maior valor que o fator de excentricidade pode assumir é 1 (um).

tendo esses valores, calcula-se então os valores iniciais máximos e mínimos do fator de excentricidade para o início do processo iterativo de solução:

$$\varepsilon_{min}^{(0)} = 0 \quad ; \quad \varepsilon_{max}^{(0)} = 1 \tag{8.31}$$

Em seguida, calcula-se o valor inicial do fator de excentricidade $\varepsilon^{(0)}$ dado por:

$$\varepsilon^{(0)} = \frac{\varepsilon^{(0)}_{min} + \varepsilon^{(0)}_{max}}{2} \tag{8.32}$$

Calcula-se, também, a força hidrodinâmica gerada pelo mancal, e calcula-se novamente os limites do intervalo em função do valor da força hidrodinâmica calculada:

$$F_h(\varepsilon^0)\begin{cases} > F_A \Rightarrow \varepsilon^{(1)}_{min} = \varepsilon^{(0)}_{min} \quad e \quad \varepsilon^{(1)}_{max} = \varepsilon^{(0)} \\ \\ < F_A \Rightarrow \varepsilon^{(1)}_{min} = \varepsilon^{(0)} \quad e \quad \varepsilon^{(1)}_{max} = \varepsilon^{(0)}_{max} \end{cases} \tag{8.33}$$

Daí, então, calcula-se o próximo valor do fator de excentricidade dado pelo primeiro nível de iteração:

$$\varepsilon^{(1)} = \frac{\varepsilon^{(1)}_{min} + \varepsilon^{(1)}_{max}}{2} \tag{8.34}$$

e, em seguida calcula-se a força hidrodinâmica gerada pelo mancal, e calcula-se novamente os limites do intervalo em função do valor da força hidrodinâmica calculada:

$$F_h(\varepsilon^1)\begin{cases} < F_A \Rightarrow \varepsilon_{min}^{(2)} = \varepsilon_{min}^{(1)} \quad e \quad \varepsilon_{max}^{(2)} = \varepsilon^{(1)} \\ > F_A \Rightarrow \varepsilon_{min}^{(2)} = \varepsilon^{(1)} \quad e \quad \varepsilon_{max}^{(2)} = \varepsilon_{max}^{(1)} \end{cases} \tag{8.35}$$

O valor do fator de excentricidade dado pela segunda iteração:

$$\varepsilon^{(2)} = \frac{\varepsilon_{max}^{(1)} + \varepsilon_{min}^{(1)}}{2} \tag{8.36}$$

E assim por diante. O valor do fator de excentricidade dado pela k-ésima iteração é dado pela seguinte expressão:

$$\varepsilon^{(k)} = \frac{\varepsilon_{max}^{(k-1)} + \varepsilon_{min}^{(k-1)}}{2} \tag{8.37}$$

Assim como nos casos processos iterativos mencionados anteriormente, o processo é repetido M vezes e para quando:

$$\frac{\left|F_h(\varepsilon^{(M)}) - F_A\right|}{F_A + \xi} < \delta \qquad ou \qquad M \geq K_{max} \tag{8.38}$$

Onde, como mencionado anteriormente, δ é um número positivo (pequeno) cujo valor é inversamente proporcional à precisão desejada e a variável ξ que aparece no denominador é um número bem pequeno para evitar divisão por zero. Uma interpretação geométrica deste algoritmo é esquematizada na figura 8.6.

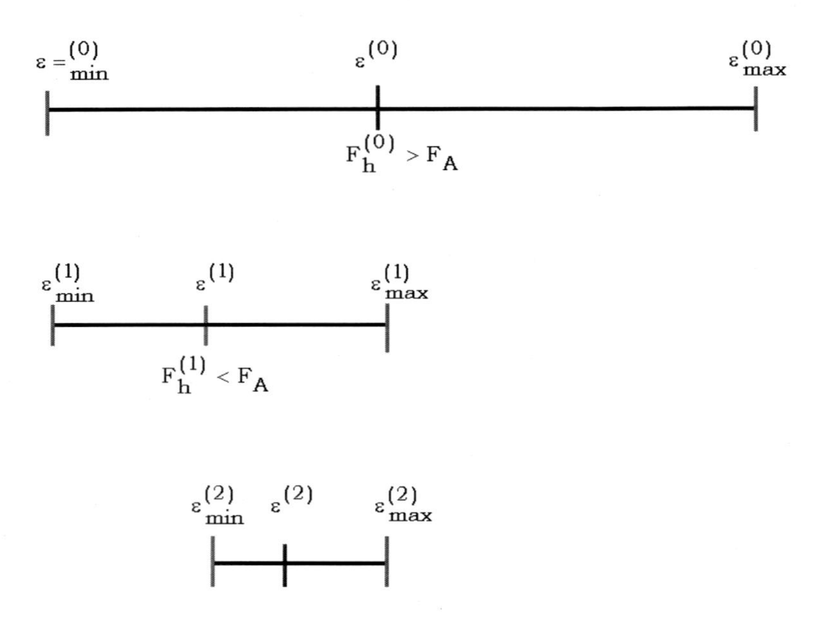

Figura 8.6 – Interpretação geométrica do algoritmo de bissecção

Capítulo 9 – A Equação de Reynolds em Coordenadas Cilíndricas

A equação de Reynolds para mancais axiais pode ser deduzida a partir das equações de Navier-Stokes e conservação da massa em coordenadas cilíndricas, para um fluido Newtoniano, incompressível e para um escoamento laminar, deduzidas no capítulo 3.

9.1 – Dedução da equação de Reynolds para mancais hidrodinâmicos axiais

Para que se possa usar as equações deduzidas no capítulo 3 para a dedução da equação de Reynolds, é necessário fazer algumas hipóteses simplificativas.

I - Fluido Newtoniano:

$$\sigma_{ij} = -p\delta_{ij} + \mu\left(\frac{\partial u_i}{\partial x_j} + \frac{\partial u_j}{\partial x_i}\right) - \frac{2}{3}\mu\,\delta_{ij}\frac{\partial u_k}{\partial x_k} \tag{9.1}$$

II - Fluido incompressível:

$$\vec{\nabla} \bullet \vec{V} = \frac{\partial u_k}{\partial x_k} = \theta = 0 \tag{9.2}$$

Esta hipótese é razoável para um mancal com fluido lubrificante na fase líquida. É importante ressaltar que esta hipótese não é válida no caso de um mancal que trabalha com um fluido lubrificante gasoso, ou mancais aerodinâmicos.

III - Escoamento laminar. Hipótese razoável, uma vez que para um mancal hidrodinâmico "típico" o número de Reynolds é da ordem de 1(um):

$$R_e = \frac{vL}{\nu} \cong 1 << 1000 \tag{9.3}$$

Com as 3 (três) hipóteses anteriores, pode-se usar as equações de Navier-Stokes para fluídos Newtonianos, incompressíveis e escoamento laminar, deduzidas no capítulo 3 e reproduzidas a seguir:

Conservação da massa:

$$\nabla \bullet \vec{V} = \left[\frac{1}{r} \frac{\partial (rV_r)}{\partial r} + \frac{1}{r} \frac{\partial V_\theta}{\partial \theta} + \frac{\partial V_z}{\partial z} \right] = 0 \tag{9.4}$$

As equações de Navier-Stokes:

componente r

$$\rho\left(\frac{dV_r}{dt}-\frac{V_\theta^2}{r}\right)=-\frac{\partial p}{\partial r}+$$

$$\mu\left[\frac{\partial}{\partial r}\left(\frac{1}{r}\frac{\partial(rV_r)}{\partial r}\right)+\frac{1}{r^2}\frac{\partial^2 V_r}{\partial\theta^2}-\frac{2}{r^2}\frac{\partial V_\theta}{\partial\theta}+\frac{\partial^2 V_r}{\partial z^2}\right]+\rho f_r''' \tag{9.5}$$

onde:

$$\frac{dV_r}{dt}=\frac{\partial V_r}{\partial t}+V_r\frac{\partial V_r}{\partial r}+\frac{V_\theta}{r}\frac{\partial V_r}{\partial\theta}+V_z\frac{\partial V_r}{\partial z} \tag{9.6}$$

componente θ

$$\rho\left(\frac{dV_\theta}{dt}+\frac{V_r * V_\theta}{r}\right)=-\frac{1}{r}\frac{\partial p}{\partial\theta}+$$

$$\mu\left[\frac{\partial}{\partial r}\left(\frac{1}{r}\frac{\partial(rV_\theta)}{\partial r}\right)+\frac{1}{r^2}\frac{\partial^2 V_\theta}{\partial\theta^2}+\frac{2}{r^2}\frac{\partial V_r}{\partial\theta}+\frac{\partial^2 V_\theta}{\partial z^2}\right]+\rho f_\theta''' \tag{9.7}$$

onde:

$$\frac{dV_\theta}{dt} = \frac{\partial V_\theta}{\partial t} + v_r \frac{\partial V_\theta}{\partial r} + \frac{V_\theta}{r}\frac{\partial V_\theta}{\partial \theta} + v_z \frac{\partial V_\theta}{\partial z} \tag{9.8}$$

componente z

$$\rho \frac{dV_z}{dt} = -\frac{\partial p}{\partial z} + \mu\left[\frac{1}{r}\frac{\partial}{\partial r}\left(r\frac{\partial V_z}{\partial r}\right) + \frac{1}{r^2}\frac{\partial^2 V_z}{\partial \theta^2} + \frac{\partial^2 V_z}{\partial z^2}\right] + \rho f_z''' \tag{9.9}$$

onde:

$$\frac{dV_z}{dt} = \frac{\partial V_z}{\partial t} + V_r \frac{\partial V_z}{\partial r} + \frac{V_\theta}{r}\frac{\partial V_z}{\partial \theta} + V_z \frac{\partial V_z}{\partial z} \tag{9.10}$$

Seguindo com mais hipóteses simplificativas:

IV - Forças de campos externos desprezíveis. Esta é uma hipótese razoável uma vez que para um fluido não ionizado e sem efeitos de campos eletromagnéticos, a única força de campo atuante no mesmo é a força gravitacional. E neste caso, é fácil de verificar que a força devido às pressões internas no fluido é muito maior (ordens de grandezas) que a força gravitacional. Com essa hipótese, tem-se:

$$\rho f_r''' = \rho f_\theta''' = \rho f_z''' = 0 \tag{9.11}$$

V - Forças inerciais desprezíveis. Analogamente à hipótese anterior, a força devido à pressão interna no fluido é muito maior (ordens de grandezas) que a força inercial. Assim sendo pode-se desprezar os termos que contém aceleração:

$$\frac{dV_r}{dt} = \frac{dV_\theta}{dt} = \frac{dV_z}{dt} = 0 \tag{9.12}$$

Com as hipóteses simplificativas IV e V, as equações de Navier-Stokes (9.5), (9.7) e (9.9) podem ser escritas da seguinte maneira:

Componente r

$$\frac{\partial p}{\partial r} = \rho \frac{V_\theta^2}{r} + \mu \left[\frac{\partial}{\partial r}\left(\frac{1}{r} \frac{\partial (r V_r)}{\partial r} \right) + \frac{1}{r^2} \frac{\partial^2 V_r}{\partial \theta^2} - \frac{2}{r^2} \frac{\partial V_\theta}{\partial \theta} + \frac{\partial^2 V_r}{\partial z^2} \right] \tag{9.13}$$

componente θ

$$\frac{1}{r}\frac{\partial p}{\partial \theta} = -\rho \frac{V_r V_\theta}{r} + \tag{9.14}$$

$$\mu \left[\frac{\partial}{\partial r}\left(\frac{1}{r} \frac{\partial (r V_\theta)}{\partial r} \right) + \frac{1}{r^2} \frac{\partial^2 V_\theta}{\partial \theta^2} + \frac{2}{r^2} \frac{\partial V_r}{\partial \theta} + \frac{\partial^2 V_\theta}{\partial z^2} \right]$$

componente z

$$\frac{\partial p}{\partial z} = \mu \left[\frac{1}{r} \frac{\partial}{\partial r} \left(r \frac{\partial V_z}{\partial r} \right) + \frac{1}{r^2} \frac{\partial^2 V_z}{\partial \theta^2} + \frac{\partial^2 V_z}{\partial z^2} \right] \tag{9.15}$$

VI – A pressão não varia na direção z. Aqui também, trata-se de uma hipótese razoável, pois além da dimensão em questão ser desprezível com relação às outras, conforme discutido anteriormente, não existe nesta direção nenhum mecanismo (tal como os mecanismos "wedge" e "squeeze") que propicie um aumento da pressão nesta direção. Ou seja:

$$\frac{\partial p}{\partial z} = 0$$

VII - Comparado com as derivadas na direção perpendicular às superfícies de deslizamento,

$$\frac{\partial V_r}{\partial z} \quad e \quad \frac{\partial V_\theta}{\partial z} \tag{9.16}$$

todas as outras derivadas dos componentes da velocidade são desprezíveis. Esta hipótese é bastante razoável uma vez que, para um mancal hidrodinâmico axial "típico", a razão entre as dimensões do raio (r) e espessura do filme do fluido lubrificante (h - direção z) é de pelo menos 3 (três) ordens de grandeza, ou seja:

$$\left|\frac{R_{min}}{h}\right| \geq 10^3 \quad ; \quad \left|\frac{R_{max}}{h}\right| \geq 10^3$$

$$\left|\frac{2\pi R_{min}}{h}\right| \geq 10^3 \quad ; \quad \left|\frac{2\pi R_{max}}{h}\right| \geq 10^3 \tag{9.17}$$

Assim sendo esta hipótese torna-se bastante razoável.

Com as hipóteses VI e VII, as equações de Navier-Stokes (9.13), (9.14) e (9.15), podem ser escritas da seguinte maneira:

Componente r

$$\frac{\partial p}{\partial r} = \rho \frac{V_\theta^2}{r} + \mu \frac{\partial^2 V_r}{\partial z^2} \tag{9.18}$$

componente θ

$$\frac{1}{r}\frac{\partial p}{\partial \theta} = -\rho \frac{V_r V_\theta}{r} + \mu \frac{\partial^2 V_\theta}{\partial z^2} \tag{9.19}$$

Considere o último termo das equações anteriores. Em geral o componente da velocidade do fluido em coordenadas cilíndricas pode ser função de quatro variáveis: t, r, θ e z. Ou seja:

$$V_r = f(t, r, \theta, z) \quad ; \quad V_\theta = g(t, r, \theta, z) \tag{9.20}$$

Porém de acordo com a hipótese V o tempo (t) passou a não ser uma das variáveis. Com a hipótese VI as variáveis r e θ também foram descartadas. Assim sendo, tem-se que os componentes da velocidade passaram a ser função apenas da variável z:

$$V_r = f(z) \quad ; \quad V_\theta = g(z) \tag{9.21}$$

e neste caso as derivadas parciais dos componentes da velocidade apresentadas nas equações (9.13)e (9.14) passam a ser derivadas totais, ou seja:

$$\frac{\partial^2 V_r}{\partial z^2} \equiv \frac{d^2 V_r}{d z^2}$$

(9.22)

$$\frac{\partial^2 V_\theta}{\partial z^2} \equiv \frac{d^2 V_\theta}{d z^2}$$

E as equações (9.13) e (9.14) podem ser rescritas da seguinte maneira:

$$\frac{\partial p}{\partial r} = \rho \frac{V_\theta^2}{r} + \mu \frac{d^2 V_r}{d z^2} \tag{9.23}$$

$$\frac{1}{r}\frac{\partial p}{\partial \theta} = -\rho\frac{V_r V_\theta}{r} + \mu\frac{d^2 V_\theta}{dz^2} \qquad (9.24)$$

VII – As derivadas segundas dos componentes da velocidade com relação à z, apresentadas nas equações (9.23) e (9.24) são bem maiores em modulo que os termos da força centrífuga e da força de Coriolis:

$$\left|\mu\frac{d^2 V_r}{dz^2}\right| >> \left|\rho\frac{V_\theta^2}{r}\right| \quad \Rightarrow \quad \left|\frac{d^2 V_r}{dz^2}\right| >> \left|\frac{\rho r \omega^2}{\mu}\right|$$

$$(9.25)$$

$$\left|\mu\frac{d^2 V_\theta}{dz^2}\right| >> \left|-\rho\frac{V_r V_\theta}{r}\right| \quad \Rightarrow \quad \left|\frac{d^2 V_\theta}{dz^2}\right| >> \left|\frac{\rho V_r \omega}{\mu}\right|$$

Com as hipóteses anteriores, as equações (9.23) e (9.24) podem ser expressas da seguinte maneira:

$$\frac{d^2 V_r}{dz^2} = \frac{1}{\mu}\left[\left(\frac{\partial p}{\partial r}\right)\right] \qquad (9.26)$$

$$\frac{d^2 V_\theta}{dz^2} = \frac{1}{\mu}\left[\frac{1}{r}\left(\frac{\partial p}{\partial \theta}\right)\right] \qquad (9.27)$$

Integrando a equação (9.27) com relação à z:

$$\frac{dV_\theta}{dz} = \frac{1}{\mu}\left[\frac{1}{r}\left(\frac{\partial p}{\partial \theta}\right)\right]z + C_1 \tag{9.28}$$

Integrando mais uma vez:

$$V_\theta(z) = \frac{1}{2\mu}\left[\frac{1}{r}\left(\frac{\partial p}{\partial \theta}\right)\right]z^2 + C_1 z + C^2 \tag{9.29}$$

As condições de contorno são as velocidades em $z = 0$ e $z = h$ conforme esquematizado na figura 9.1.

$$V_\theta(z = 0) = U_1 \quad ; \quad V_\theta(z = h) = U_2 \tag{9.30}$$

Com estas condições de contorno a equação (9.29) passa a ser:

$$V_\theta(z) = \frac{1}{2\mu}\left[\frac{1}{r}\left(\frac{\partial p}{\partial \theta}\right)\right]\left[z(z-h)\right] + \left(\frac{U_2 - U_1}{h}\right)z + U_1 \tag{9.31}$$

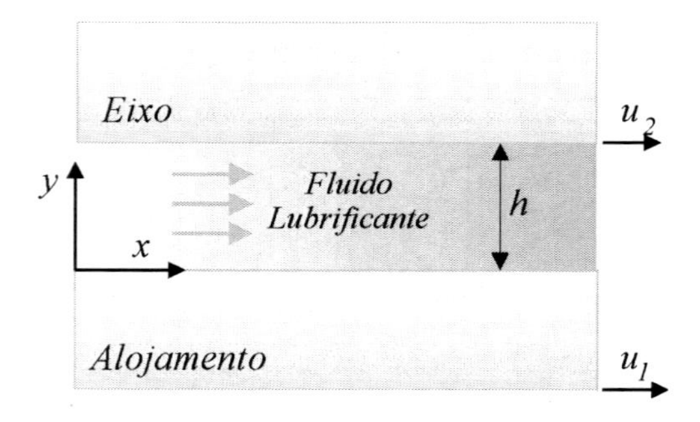

Figure 9.1 – Condições de contorno

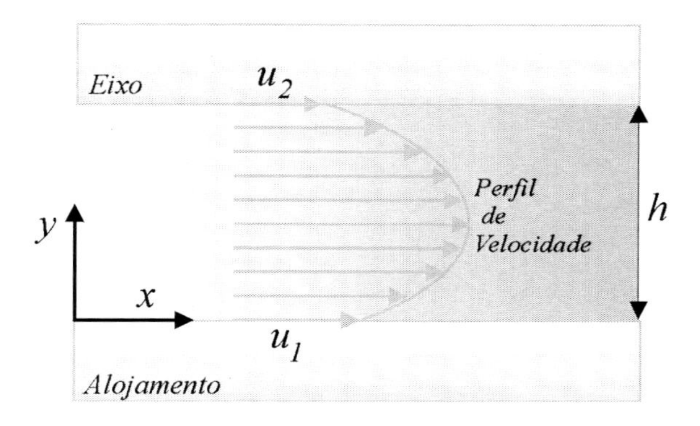

Figure 9.2 – Condições de contorno na direção z

De maneira análoga, integrando a equação (9.26) com relação à z:

$$\frac{dV_r}{dz} = \frac{1}{\mu}\left[\frac{1}{r}\left(\frac{\partial p}{\partial r}\right)\right]z + C_1 \tag{9.32}$$

Integrando mais uma vez:

$$V_r(z) = \frac{1}{2\mu}\left[\frac{1}{r}\left(\frac{\partial p}{\partial r}\right)\right]z^2 + C_1 z + C^2 \tag{9.33}$$

Na direção r as condições de contorno da velocidade anterior são dadas pelo escoamento de Poisuielle, conforme esquematizado na figura 9.3:

$$V_r(z = 0) = V_r(z = h) = 0 \tag{9.34}$$

Com estas condições de contorno, a equação (9.33) pode ser expressa da seguinte maneira:

$$V_r(z) = \frac{1}{2\mu}\left[\left(\frac{\partial p}{\partial r}\right)\right]\left[z(z-h)\right] \tag{9.35}$$

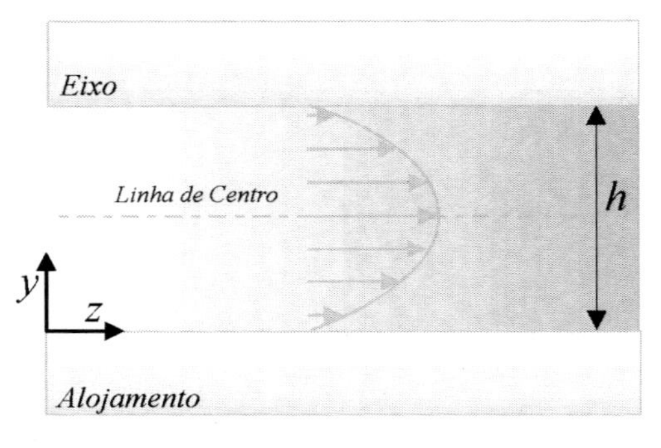

Figure 9.3 – Escoamento de Poisuielle

A equação de conservação da massa para um fluido incompressível e em coordenadas cilíndricas é dada pela equação (9.4), reproduzida a seguir:

$$\nabla \bullet \vec{V} = \left[\frac{1}{r}\frac{\partial(r V_r)}{\partial r} + \frac{1}{r}\frac{\partial V_\theta}{\partial \theta} + \frac{\partial V_z}{\partial z}\right] = 0 \tag{9.36}$$

Da equação anterior tem-se que:

$$\frac{\partial V_z}{\partial z} = -\frac{1}{r}\frac{\partial (r V_r)}{\partial r} - \frac{1}{r}\frac{\partial V_\theta}{\partial \theta} \tag{9.37}$$

Substituindo pelos componentes da velocidade V_r e V_θ, dados pelas equações (9.33) e (9.31) na equação anterior, tem-se:

$$-\frac{dV_z}{dz} = +\frac{1}{r}\frac{\partial}{\partial r}\left\{\frac{r}{2\mu}\left[\left(\frac{\partial p}{\partial r}\right)\right]\left[z(z-h)\right]\right\} +$$

$$\frac{1}{r}\frac{\partial}{\partial \theta}\left\{\frac{1}{2\mu}\left[\frac{1}{r}\left(\frac{\partial p}{\partial \theta}\right)\right]\left[y(z-h)\right] + \left(\frac{U_2 - U_1}{h}\right)z + U_1\right\} \tag{9.38}$$

Integrando o lado esquerdo da equação anterior com relação à z e impondo os limites de integração z=0 e z=h(r,θ), tem-se:

$$-\int_{z=0}^{z=h(r,\theta)} \frac{dV_z}{dy}\,dz = -\int_{z=0}^{z=h(r,\theta)} dV_z = -V_z \tag{9.39}$$

Onde o último termo na expressão acima (V_z) representa a velocidade de separação das superfícies de deslizamento do mancal. Integrando ambos os termos do lado direito da equação (9.38) com relação à z, impondo os limites de integração z=0 e z=h(r,θ), e igualando à equação anterior, tem-se:

$$-V_z(r,\theta) =$$

$$\int_{z=0}^{z=h(r,\theta)} \frac{1}{r}\frac{\partial}{\partial r}\left\{\frac{r}{2\mu}\left[\left(\frac{\partial p}{\partial r}\right)\right]\left[z\left(z-h\right)\right]\right\}dz +$$

$$\int_{z=0}^{z=h(r,\theta)} \frac{1}{r}\frac{\partial}{\partial \theta}\left\{\frac{1}{2\mu}\left[\frac{1}{r}\left(\frac{\partial p}{\partial \theta}\right)\right]\left[z\left(z-h\right)\right]+\left(\frac{U_2-U_1}{h}\right)z+U_1\right\}dz \quad (9.40)$$

A regra de Leibnitz para a diferenciação de uma integral definida é dada a seguir:

$$\frac{\partial}{\partial \alpha}\int_{\phi_1}^{\phi_2} F dx = \int_{\phi_1}^{\phi_2} \frac{\partial F}{\partial \alpha}dx + F\frac{\partial \phi_2}{\partial \alpha} - F\frac{\partial \phi_1}{\partial \alpha}$$

$$\rightarrow \quad \int_{0}^{\phi_2} \frac{\partial F}{\partial \alpha}dx = \frac{\partial}{\partial \alpha}\int_{0}^{\phi_2} F\,dx - F\left[\phi_2\right]\frac{\partial \phi_2}{\partial \alpha} \quad (9.41)$$

Aplicando a equação acima para o primeiro termo do lado direito da equação (9.40), tem-se:

$$\int_{z=0}^{z=h(r,\theta)} \frac{1}{r}\frac{\partial}{\partial r}\left\{\frac{r}{2\mu}\left[\left(\frac{\partial p}{\partial r}\right)\right]\left[z(z-h)\right]\right\}dz =$$

$$\left\{\frac{1}{r}\frac{\partial}{\partial r}\int_{z=0}^{z=h(r,\theta)}\left\{\frac{r}{2\mu}\left[\left(\frac{\partial p}{\partial r}\right)\right]\left[z(z-h)\right]\right\}dz\right\} - \qquad (9.42)$$

$$\left\{\frac{r}{2\mu}\left[\left(\frac{\partial p}{\partial r}\right)\right]\left[h(h-h)\right]\right\}\frac{\partial h}{\partial r}$$

Integrando o primeiro termo do lado direito da equação (9.42), tem-se:

$$\frac{1}{r}\frac{\partial}{\partial r}\left\{\frac{r}{2\mu}\left[\left(\frac{\partial p}{\partial r}\right)\right][\frac{h^3}{3}-\frac{h^3}{2}]\right\} =$$

$$(9.43)$$

$$\frac{1}{r}\frac{\partial}{\partial r}\left\{\frac{r}{6\mu}\left[\left(\frac{\partial p}{\partial r}\right)[\frac{-h^3}{6}]\right]\right\} = \frac{-1}{r}\frac{\partial}{\partial r}\left\{\frac{rh^3}{12\mu}\left[\left(\frac{\partial p}{\partial r}\right)\right]\right\}$$

O segundo termo do lado direito da equação (9.42) é nulo. Substituindo pela equação (9.43) na equação (9.42), tem-se:

$$\int_{z=0}^{z=h(r,\theta)} \frac{1}{r}\frac{\partial}{\partial r}\left\{\frac{r}{2\mu}\left[\left(\frac{\partial p}{\partial r}\right)\right]\left[z(z-h)\right]\right\}dz =$$

$$\frac{-1}{r}\frac{\partial}{\partial r}\left\{\frac{rh^3}{12\mu}\left[\left(\frac{\partial p}{\partial r}\right)\right]\right\} \tag{9.44}$$

Usando a regra de Leibnitz para o segundo termo do lado direito da equação (9.40), tem-se:

$$\int_{z=0}^{z=h(r,\theta)} \frac{1}{r}\frac{\partial}{\partial \theta}\left\{\frac{1}{2\mu}\left[\frac{1}{r}\left(\frac{\partial p}{\partial \theta}\right)\right]\left[z(z-h)\right]+\left(\frac{U_2-U_1}{h}\right)z+U_1\right\}dz =$$

$$\frac{1}{r}\frac{\partial}{\partial \theta}\left\{\int_{z=0}^{z=h(r,\theta)}\left\{\frac{1}{2\mu}\left[\frac{1}{r}\left(\frac{\partial p}{\partial \theta}\right)\right]\left[z(z-h)\right]+\left(\frac{U_2-U_1}{h}\right)z+U_1\right\}dz\right\}$$

$$-\left\{\frac{1}{2\mu}\left[\frac{1}{r}\left(\frac{\partial p}{\partial \theta}\right)\right]\left[h(h-h)\right]+\left(\frac{U_2-U_1}{h}\right)h+U_1\right\}\frac{1}{r}\frac{\partial h}{\partial \theta} \tag{9.45}$$

Efetuando a integração do primeiro termo do lado direito da equação anterior, tem-se:

$$\frac{1}{r}\frac{\partial}{\partial\theta}\left\{\frac{1}{2\mu}\left[\frac{1}{r}\left(\frac{\partial p}{\partial\theta}\right)\right]\left[\frac{h^3}{3}-\frac{h^3}{2}\right]+\left(\frac{U_2-U_1}{h}\right)\frac{h^2}{2}+U_1h\right\}=$$

$$\frac{1}{r}\frac{\partial}{\partial\theta}\left\{\frac{1}{2\mu}\left[\frac{1}{r}\left(\frac{\partial p}{\partial\theta}\right)\right]\left[\frac{-h^3}{6}\right]+\left(\frac{U_2-U_1}{h}\right)\frac{h^2}{2}+U_1h\right\}=$$

$$\frac{1}{r}\frac{\partial}{\partial\theta}\left\{\frac{-h^3}{12\mu}\left[\frac{1}{r}\left(\frac{\partial p}{\partial\theta}\right)\right]+\left(\frac{U_2-U_1}{2}\right)h\right\} \tag{9.46}$$

O lado direito daequação acima pode ser decomposto em dois termos. O primeiro termo pode ser expresso da seguinte maneira:

$$\frac{1}{r}\frac{\partial}{\partial\theta}\left\{\frac{-h^3}{12\mu}\left[\frac{1}{r}\left(\frac{\partial p}{\partial\theta}\right)\right]\right\} \tag{9.47}$$

A derivada da soma das velocidades, na equação (9.46) é nula. Assim sendo, o segundo termo do lado direito da equação (9.46) pode ser expresso da seguinte maneira:

$$\left(\frac{U_2-U_1}{2}\right)\frac{1}{r}\frac{\partial h}{\partial\theta} \tag{9.48}$$

Substituindo pelas equações (9.47) e (9.48) na equação (9.40), tem-se:

$$\int_{z=0}^{z=h(r,\theta)} \frac{1}{r}\frac{\partial}{\partial\theta}\left\{\frac{1}{2\mu}\left[\frac{1}{r}\left(\frac{\partial p}{\partial\theta}\right)\right]\left[z(z-h)\right]+\left(\frac{U_2-U_1}{h}\right)z+U_1\right\}dz =$$

$$\frac{1}{r}\frac{\partial}{\partial\theta}\left\{\frac{-h^3}{12\mu}\left[\frac{1}{r}\left(\frac{\partial p}{\partial\theta}\right)\right]\right\}+\left(\frac{U_2-U_1}{2}\right)\frac{1}{r}\frac{\partial h}{\partial\theta}$$

(9.49)

Substituindo pelas equações (9.44) e (9.49) na equação (9.40), tem-se:

$$\frac{1}{r}\frac{\partial}{\partial r}\left\{\frac{rh^3}{12\mu}\left[\left(\frac{\partial p}{\partial r}\right)\right]\right\}+\frac{1}{r}\frac{\partial}{\partial\theta}\left\{\frac{h^3}{12\mu}\left[\frac{1}{r}\left(\frac{\partial p}{\partial\theta}\right)\right]\right\}=\left(\frac{U_2-U_1}{2}\right)\frac{1}{r}\frac{\partial h}{\partial\theta}-V$$

(9.50)

Multiplicando a equação anterior por r, tem-se:

$$\frac{\partial}{\partial r}\left\{\frac{rh^3}{12\mu}\left[\left(\frac{\partial p}{\partial r}\right)\right]\right\}+\frac{\partial}{\partial\theta}\left\{\frac{h^3}{12\mu}\left[\frac{1}{r}\left(\frac{\partial p}{\partial\theta}\right)\right]\right\}=\left(\frac{U_2-U_1}{2}\right)\frac{\partial h}{\partial\theta}-rV_z$$

(9.51)

A expressão acima é a equação de Reynolds para um mancal axial, com fluido lubrificante incompressível e carregamento dinâmico

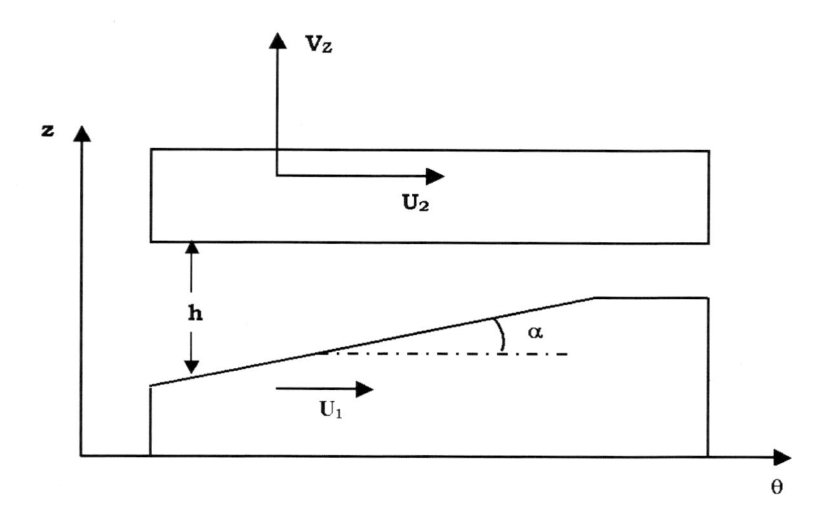

Figure 9.4 – Convenção de velocidades e ângulos

9.2 – A equação de Reynolds para mancais hidrodinâmicos axiais e carregamento estático

Para um mancal axial com carregamento estático, a velocidade de separação entre as superfícies de deslizamento é nula, ou seja:

$$V_z = 0 \tag{9.52}$$

Substituindo pela expressão anterior na equação (9.51), tem-se:

$$\frac{\partial}{\partial r}\left\{\frac{rh^3}{12\mu}\left[\left(\frac{\partial p}{\partial r}\right)\right]\right\}+\frac{\partial}{\partial \theta}\left\{\frac{h^3}{12\mu}\left[\frac{1}{r}\left(\frac{\partial p}{\partial \theta}\right)\right]\right\}=\left(\frac{U_2-U_1}{2}\right)\frac{\partial h}{\partial \theta}$$

(9.53)

A expressão acima é a equação de Reynolds para um mancal axial, com fluido lubrificante incompressível e carregamento estático. Se a velocidade da superfície de deslizamento inferior do mancal for nula, então:

$$U_1 = 0 \tag{9.54}$$

Substituindo pela expressão anterior na equação (9.53), tem-se:

$$\frac{\partial}{\partial r}\left\{\frac{rh^3}{12\mu}\left[\left(\frac{\partial p}{\partial r}\right)\right]\right\}+\frac{\partial}{\partial \theta}\left\{\frac{h^3}{12\mu}\left[\frac{1}{r}\left(\frac{\partial p}{\partial \theta}\right)\right]\right\}=\left(\frac{U_2}{2}\right)\frac{\partial h}{\partial \theta} \tag{9.55}$$

A velocidade circunferencial U_2 em qualquer ponto na superfície de deslizamento do mancal é dada por:

$$U_2 = r\omega \tag{9.56}$$

Substituindo pela expressão (9.56) na equação (9.55), tem-se:

$$\frac{\partial}{\partial r}\left\{\frac{rh^3}{12\mu}\left[\left(\frac{\partial p}{\partial r}\right)\right]\right\}+\frac{\partial}{\partial \theta}\left\{\frac{h^3}{12\mu}\left[\frac{1}{r}\left(\frac{\partial p}{\partial \theta}\right)\right]\right\}=\left(\frac{r\omega}{2}\right)\frac{\partial h}{\partial \theta} \tag{9.57}$$

Onde: $h \equiv$ Espessura do filme de fluido lubrificante [m]

$r \equiv$ Coordenada radial [m]

$\theta \equiv$ Coordenada azimutal (ou circunferencial) [rad]

$\mu \equiv$ Viscosidade do fluido lubrificante [Pa s]

$\omega \equiv$ Velocidade angular do eixo [r/s]

As condições de contorno são:

$$p(r,\theta=0)=p(r,\theta=\Delta\theta)=0 \quad ; \quad p(r=R_{min},\theta)=p(r=R_{max},\theta)=0 \tag{9.58}$$

Onde R_{min} e R_{max} são os raios interno e externo do mancal, respectivamente; e $\Delta\theta$ é o ângulo total de abraçamento da região inclinada (rampa) de uma sapata. Como o fluido não resiste tração é necessário impor, também, a condição de contorno de Reynolds:

$$p(r,\theta) \le p_{cav} \qquad \text{então} \qquad p(r,\theta) \leftarrow p_{cav} \tag{9.59}$$

Onde p_{cav} é a pressão de cavitação do fluido lubrificante.

Capítulo 10 - Solução numérica da equação de Reynolds para mancais axiais e carregamento estático

A equação de Reynolds para mancais axiais, com fluido lubrificante incompressível e carregamento estático, deduzida no capítulo anterior, é reproduzida a seguir:

$$\frac{\partial}{\partial r}\left\{\frac{r h^3}{12\mu}\left[\left(\frac{\partial p}{\partial r}\right)\right]\right\}+\frac{\partial}{\partial \theta}\left\{\frac{h^3}{12\mu}\left[\frac{1}{r}\left(\frac{\partial p}{\partial \theta}\right)\right]\right\}=\left(\frac{r\omega}{2}\right)\frac{\partial h}{\partial \theta} \quad (10.1)$$

Onde: $h \equiv$ Espessura do filme de fluido lubrificante [m]

$r \equiv$ Coordenada radial [m]

$\theta \equiv$ Coordenada azimutal [ou circunferencial) [-]

$\mu \equiv$ Viscosidade do fluido lubrificante [Pa s]

$\omega \equiv$ Velocidade angular do eixo do mancal [r/s]

A equação (10.1) pode ser resolvida pelo método das diferenças finitas. Para tanto é necessário estabelecer uma convenção para o sistema de coordenadas para que se possa estabelecer os domínios a serem discretizados para a geração da malha. Suponha que o mancal axial em questão tenha N sapatas. Cada sapata é composta de um canal de óleo, uma rampa e uma região plana, conforme esquematizado na figura 10.1. A convenção adotada assume que todos os valores são calculados na superfície interna do mancal. O comprimento total da sapata é dado por:

$$L_S = \frac{2\pi R_{min}}{N_S} \tag{10.2}$$

Onde N_S é o número de sapatas do mancal. Os outros valores são definidos como dados de entrada, da seguinte maneira: N_{co} e L_{rp} são definidos como porcentagem do comprimento total da sapata e o programa de computador calcula internamente os comprimentos do canal de óleo, rampa e superfície plana, da seguinte maneira:

$$L_{co} = P_{co}\left(\frac{L_S}{100}\right) \quad ; \quad L_{rp} = P_{rp}\left(\frac{L_S}{100}\right) \quad ; \quad L_{sp} = L_S - \left(L_{co} + L_{rp}\right) \tag{10.3}$$

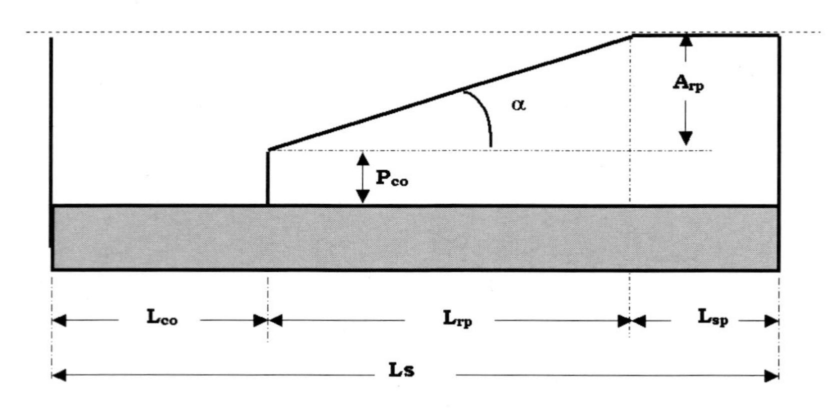

Figure 10.1 – Dimensões da sapata

Onde: $L_S \equiv$ Comprimento total da sapata [m]

L_{co} ≡ Comprimento do canal de óleo [m]
L_{rp} ≡ Comprimento da rampa [m]
L_{sp} ≡ Comprimento da superfície plana [m]
P_{co} ≡ Profundidade do canal de óleo [m]
A_{rp} ≡ Altura da rampa [m]

E o ângulo de abraçamento da rampa é definido internamente da seguinte maneira:

$$\alpha = \tan^{-1}\left(\frac{A_{rp}}{L_{rp}}\right) \tag{10.4}$$

Assim sendo, os dados de entrada necessários para a definição completa da configuração da sapata e o cálculo de todos os outros parâmetros geométricos são dados a seguir:

01 – R_{min} ≡ Raio interno do mancal [m]
02 – R_{max} ≡ Raio externo do mancal [m]
03 – N_S ≡ Número de sapatas no mancal [-]
04 – L_{co} ≡ Comprimento do canal de óleo [m]
05 - L_{rp} ≡ Comprimento da rampa [m]
06 - P_{co} ≡ Profundidade do canal de óleo [m]
07 - A_{rp} ≡ Altura da rampa [m]

Além das variáveis anteriores, que são relacionadas com aspectos geométricos da sapata, é necessário, também, fornecer os seguintes dados:

08 – F_A ≡ Força aplicada ao mancal [N]

09 – ω ≡ Velocidade angular do eixo do mancal [r/s]

10 – R_A ≡ Rugosidade da superfície de deslizamento do mancal [m]

11 – T_{in} ≡ Temperatura do fluido lubrificante na entrada do mancal [°C]

12 – k_{oleo} ≡ Tipo de óleo (a ser escolhido de uma lista de óleos disponíveis)

As condições de contorno necessárias para a solução da equação (10.1) são as condições de Dirichlet, dadas a seguir:

$$p(r,\theta=\theta) = p(r,\theta=\Delta\theta_{rp}) = 0$$

$$p(r=R_{min},\theta) = p(r=R_{max},\theta)=0 \qquad (10.5)$$

onde $\Delta\theta_{rp}$ é o ângulo total de abraçamento da rampa do mancal. A condição de contorno de Reynolds é dada a seguir:

$$p(r,\theta) \le p_{cav} \quad \Rightarrow \quad p(r,\theta) = p_{cav} \qquad (10.6)$$

onde p_{cav} é a pressão de cavitação do fluido lubrificante. É necessário também definir o ângulo gerado por cada região no mancal:

$$\Delta\theta_s = \frac{2\pi}{N_B} \qquad \Delta\theta_{co} = \left(\frac{L_{co}}{L_B}\right)\Delta\theta_B$$

$$\Delta\theta_{rp} = \left(\frac{L_{rp}}{L_B}\right)\Delta\theta_B \quad ; \quad \Delta\theta_{sp} = \left(\frac{L_{sp}}{L_B d}\right)\Delta\theta_B \tag{10.7}$$

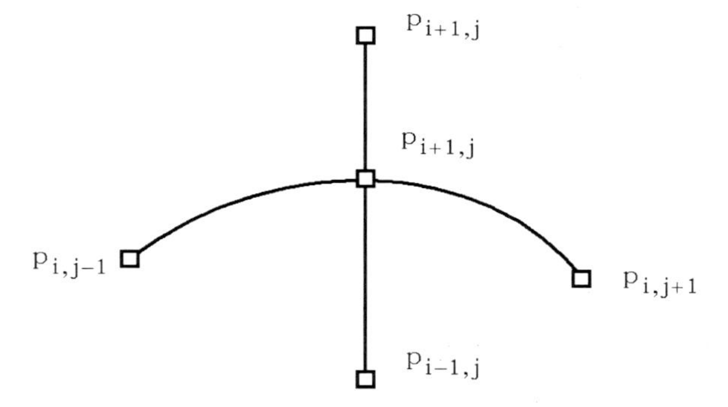

Figure 10.2 – Molécula computacional para a discretização da equação de Reynolds em coordenadas cilíndricas

E, de acordo com as definições anteriores, a seguinte equação deve ser verdadeira:

$$\Delta\theta_{co} + \Delta\theta_r + \Delta\theta_{sp} = \Delta\theta_B = \frac{2\pi}{N_B} \tag{10.8}$$

10.1 – Discretização do Domínio (Geração da Malha)

É possível gerar uma malha onde i seja o índice na direção radial (r) e j seja o índice na direção azimutal (θ), de tal maneira que, a pressão em qualquer ponto na superfície de deslizamento do mancal possa ser identificado por:

$$p\left[(i-1)\Delta r,(j-1)\Delta\theta\right] = p_{i,j} \tag{10.9}$$

Conforme esquematizado na figura 10.2.

Multiplicando a equação de Reynolds dada anteriormente por 12μ, tem-se:

$$\frac{\partial}{\partial r}\left\{ r h^3\left[\left(\frac{\partial p}{\partial r}\right)\right]\right\}+\frac{\partial}{\partial\theta}\left\{ h^3\left[\frac{1}{r}\left(\frac{\partial p}{\partial\theta}\right)\right]\right\}=(6\mu r\omega)\frac{\partial h}{\partial\theta} \tag{10.10}$$

Diferenciando a equação (10.10), tem-se:

$$\left\{\frac{\partial}{\partial r}\left(r h^{3}\right)\left(\frac{\partial p}{\partial r}\right)+\left(r h^{3}\right)\left(\frac{\partial^{2} p}{\partial r^{2}}\right)\right\}+$$

$$\left\{\frac{\partial}{\partial \theta}\left(h^{3}\right)\left[\frac{1}{r}\left(\frac{\partial p}{\partial \theta}\right)\right]+\left(h^{3}\right)\frac{\partial}{\partial \theta}\left[\frac{1}{r}\left(\frac{\partial p}{\partial \theta}\right)\right]\right\}=(6 \mu r \omega)\frac{\partial h}{\partial \theta}$$

(10.11)

Diferenciando a expressão anterior mais uma vez:

$$\left\{h^{3}\left(\frac{\partial p}{\partial r}\right)+\left(3 r h^{2}\right)\left(\frac{\partial h}{\partial r}\right)\left(\frac{\partial p}{\partial r}\right)+\left(r h^{3}\right)\left(\frac{\partial^{2} p}{\partial r^{2}}\right)\right\}+$$

$$\left\{\left(3 h^{2}\right) *\left(\frac{\partial h}{\partial \theta}\right)\left[\frac{1}{r}\left(\frac{\partial p}{\partial \theta}\right)\right]+\left(\frac{h^{3}}{r}\right)\left(\frac{\partial^{2} p}{\partial \theta^{2}}\right)\right\}=(6 \mu r \omega)\frac{\partial h}{\partial \theta}$$

(10.12)

10.2 - Aplicação do Método das Diferenças Finitas para a Solução da Equação de Reynolds

As derivadas da expressão anterior podem ser aproximadas por diferenças centrais, conforme desenvolvido anteriormente no capítulo 4:

$$\frac{\partial h}{\partial r} \approx \frac{h_{i+1,j} - h_{i-1,j}}{2\Delta r} \quad ; \quad \frac{\partial h}{\partial \theta} \approx \frac{h_{i,j+1} - h_{i,j-1}}{2\Delta\theta}$$

$$\frac{\partial^2 p}{\partial r^2} \approx \frac{p_{i+1,j} - 2p_{i,j} + p_{i-1,j}}{\Delta r^2} \quad ; \quad \frac{\partial^2 p}{\partial \theta^2} \approx \frac{p_{i,j+1} - 2p_{i,j} + p_{i,j-1}}{\Delta\theta^2}$$

$$\frac{\partial p}{\partial r} \approx \frac{p_{i+1,j} - p_{i-1,j}}{2\Delta r} \quad ; \quad \frac{\partial p}{\partial \theta} \approx \frac{p_{i,j+1} - p_{i,j-1}}{2\Delta\theta} \tag{10.13}$$

Substituindo pelas aproximações anteriores na equação (10.12), tem-se:

$$\left\{ \begin{array}{l} \left[h_{i,j}^3 + \left(3rh_{i,j}^2 \right)\left(\dfrac{h_{i+1,j} - h_{i-1,j}}{2\Delta r} \right) \right]\left(\dfrac{p_{i+1,j} - p_{i-1,j}}{2\Delta r} \right) + \\ \left(rh_{i,j}^3 \right)\left(\dfrac{p_{i+1,j} - 2p_{i,j} + p_{i-1,j}}{\Delta r^2} \right) \end{array} \right\} +$$

$$\left\{\begin{array}{l}\left(3h_{i,j}^{2}\right)\left(\dfrac{h_{i,j+1}-h_{i,j-1}}{2\Delta\theta}\right)\left[\dfrac{1}{r}\left(\dfrac{p_{i,j+1}-p_{i,j-1}}{2\Delta r}\right)\right]+\\ \\ \left(\dfrac{h_{i,j}^{3}}{r}\right)\left(\dfrac{p_{i,j+1}-2p_{i,j}+p_{i,j-1}}{(\Delta\theta)^{2}}\right)\end{array}\right\}=\left(6\mu r\omega\right)\frac{\partial h}{\partial\theta}$$

(10.14)

Isolando o termo $p_{i,j}$ da equação anterior, tem-se:

$$\left[p_{i,j}\right]\left[\frac{2rh_{i,j}^{3}}{\Delta r^{2}}+\frac{2h_{i,j}^{3}}{r\Delta\theta^{2}}\right]=$$

$$+\left[p_{i-1,j}\right]\left\{\left(\frac{rh_{i,j}^{3}}{\Delta r^{2}}\right)-\left(\frac{1}{2\Delta r}\right)\left[h_{i,j}^{3}+\left(\frac{3rh_{i,j}^{2}}{2\Delta r}\right)\left(h_{i+1,j}-h_{i-1,j}\right)\right]\right\}$$

$$+\left[p_{i+1,j}\right]\left\{\left(\frac{rh_{i,j}^{3}}{\Delta r^{2}}\right)+\left(\frac{1}{2\Delta r}\right)\left[h_{i,j}^{3}+\left(\frac{3rh_{i,j}^{2}}{2\Delta r}\right)\left(h_{i+1,j}-h_{i-1,j}\right)\right]\right\}$$

$$+\left[\, p_{i,j-1} \,\right]\left\{\left[\left(\frac{h_{i,j}^{3}}{r\,\Delta\theta^{2}}\right)-\left(\frac{3\,h_{i,j}^{2}}{4\,\Delta r\,\Delta\theta}\right)\left(h_{i,j+1}-h_{i,j-1}\right)\right]\right\}$$

$$+\left[\, p_{i,j+1} \,\right]\left\{\left[\left(\frac{h_{i,j}^{3}}{r\,\Delta\theta^{2}}\right)+\left(\frac{3\,h_{i,j}^{2}}{4\,\Delta r\,\Delta\theta}\right)\left(h_{i,j+1}-h_{i,j-1}\right)\right]\right\}$$

$$-\left[\left(\frac{3\,\mu\, r\,\omega}{\Delta\theta}\right)\left(h_{i,j+1}-h_{i,j-1}\right)\right]$$

(10.15)

A equação anterior pode ser escrita da seguinte maneira:

$$p_{i,j}=\frac{C_e\, p_{i,j-1}+C_d\, p_{i,j+1}+C_i\, p_{i-1,j}+C_s\, p_{i+1,j}+C_c}{D}$$

(10.16)

onde:

$$C_e=\left\{\left[\left(\frac{h_{i,j}^{3}}{r\,\Delta\theta^{2}}\right)-\left(\frac{3\,h_{i,j}^{2}}{4\,\Delta r\,\Delta\theta}\right)\left(h_{i,j+1}-h_{i,j-1}\right)\right]\right\} \quad (10.17)$$

$$C_d = \left\{ \left[\left(\frac{h_{i,j}^3}{r\,\Delta\theta^2} \right) + \left(\frac{3h_{i,j}^2}{4\,\Delta r\,\Delta\theta} \right) \left(h_{i,j+1} - h_{i,j-1} \right) \right] \right\} \quad (10.18)$$

$$C_i = \left\{ \left(\frac{rh_{i,j}^3}{\Delta r^2} \right) - \left(\frac{1}{2\,\Delta r} \right) \left[h_{i,j}^3 + \left(\frac{3\,rh_{i,j}^2}{2\,\Delta r} \right) \left(h_{i+1,j} - h_{i-1,j} \right) \right] \right\}$$

(10.19)

$$C_s = \left\{ \left(\frac{rh_{i,j}^3}{\Delta r^2} \right) + \left(\frac{1}{2\,\Delta r} \right) \left[h_{i,j}^3 + \left(\frac{3\,rh_{i,j}^2}{2\,\Delta r} \right) \left(h_{i+1,j} - h_{i-1,j} \right) \right] \right\}$$

(10.20)

$$C_c = -\left[\left(\frac{3\mu\, r\, \omega}{\Delta\theta} \right) \left(h_{i,j+1} - h_{i,j-1} \right) \right] \quad (10.21)$$

$$D = \left[\frac{2\,rh_{i,j}^3}{\Delta r^2} + \frac{2\,h_{i,j}^3}{r\,\Delta\theta^2} \right] \quad (10.22)$$

A equação (10.16) representa um sistema de equações algébricas altamente não lineares, devido à condição de contorno de Reynolds, conforme discutido anteriormente, em detalhe, no capítulo 7. Conforme mencionado, é possível resolver este tipo de problema através de métodos iterativos de solução de sistemas lineares. Para tornar o material aqui mais acessível, conforme mencionado anteriormente no prefácio, o método de solução adotado aqui foi o método iterativo de SOR (Sucessive Over Relaxation). De acordo com este método, desenvolvido em detalhe anteriormente, o valor da pressão no ponto (i, j), dado pela k-ésima iteração é:

$$p_{i,j}^{(k+1)} = p_{i,j}^{(k)} + \beta\left[p_{i,j}^{\otimes} - p_{i,j}^{(k)} \right] \quad (10.23)$$

Onde $p_{i,j}^{\otimes}$ é o valor da pressão dado pela k-ésima iteração do método iterativo de Gauss-Seidel:

$$p_{i,j}^{\otimes} = \frac{\left(C_e\, p_{i,j-1}^{(k+1)} + C_d\, p_{i,j+1}^{(k+1)} + C_i\, p_{i-1,j}^{(k+1)} + C_s\, p_{i+1,j}^{(k+1)} + C_c \right)}{D} \quad (10.24)$$

A equação (10.24) é resolvida até que haja convergência na solução. Conforme mencionado no capítulo 7, é necessário estipular um critério de parada. O computador irá fazer os cálculos programados e o processo iterativo encerra quando:

$$\frac{\left| p_{i,j}^{(k)} - p_{i,j}^{(k-1)} \right|}{\left| p_{i,j}^{(k)} \right| + \varepsilon} < \delta \qquad \text{ou} \qquad K \geq K_{max} \tag{10.25}$$

Onde, como anteriormente discutido no capítulo 7, $\in$ é um número positivo bem pequeno, δ é um número inversamente proporcional à precisão desejada e K_{max} é o número máximo de iterações.

Capítulo 11 - Cálculo de parâmetros operacionais em mancais hidrodinâmicos axiais e carregamento estático

Neste capítulo será desenvolvida toda a teoria, assim como todos os algoritmos de solução numérica necessários para o cálculo de todos os parâmetros operacionais de interesse prático para mancais hidrodinâmicos axiais com carregamento estático, a partir dos valores de pressão calculados no capítulo 10.

11.1 - Força hidrodinâmica

Uma vez calculado o campo de pressão, conforme apresentado no capítulo 10, tem-se, então, o valor da pressão em todos os pontos da superfície de deslizamento do mancal, e é, então, possível calcular a força hidrodinâmica gerada pelo mesmo:

$$F_h = N_s \int_{r=R_{min}}^{R_{max}} \int_{\theta=0}^{\Delta\theta_s} \left[p(r,\theta) \right] r \, dr \, d\theta \qquad (11.1)$$

Onde N_s é o número de sapatas e $\Delta\theta_s$ é o ângulo total de abraçamento de cada sapata. No caso discreto, a integral acima pode ser aproximada por:

$$F_h \approx N_s \sum_{j=1}^{I_\theta} \sum_{i=1}^{I_r} \left[p_{i,j} \right] \left[(i-1)\Delta r \right] \Delta r \, \Delta\theta \tag{11.2}$$

Onde: $\Delta r \equiv$ Incremento radial [m]

$\Delta\theta \equiv$ Incremento azimutal (ou circunferencial) [rad]

$p_{i,j} \equiv$ Pressão hidrodinâmica no ponto (i, j) [Pa]

11.2 – Vazão de fluido lubrificante

A derivada da pressão com relação a r, calculada no capítulo 9 (equação 9.23), é reproduzida a seguir:

$$\frac{d^2 V_r}{dz^2} = \frac{1}{\mu}\left[\left(\frac{\partial p}{\partial r} \right) - \frac{\rho V_\theta^2}{r} \right] \tag{11.3}$$

Integrando a equação anterior com relação à z uma vez, tem-se:

$$\frac{dV_r}{dz} = \frac{1}{\mu}\left[\left(\frac{\partial p}{\partial r} \right) - \frac{\rho V_\theta^2}{r} \right] z + C_1 \tag{11.4}$$

Integrando novamente:

$$V_r(z) = \frac{1}{2\mu}\left[\left(\frac{\partial p}{\partial r} \right) - \frac{\rho V_\theta^2}{r} \right] z^2 + C_1 z + C_2 \tag{11.5}$$

As condições de contorno são:

$$V_r\,(z=0)=0 \quad ; \quad V_r\,(z=h)=U_2 \tag{11.6}$$

É fácil verificar que ao aplicar a primeira condição de contorno [$V_r\,(z=0)=0$] tem-se $C_2=0$. Aplicando a segunda condição de contorno [$V_r\,(z=h)=U_2$], tem-se:

$$V_r\,(z)=\frac{1}{2\mu}\left[\left(\frac{\partial p}{\partial r}\right)-\frac{\rho V_\theta^2}{r}\right]h^2+C_1 h=U_2 \tag{11.7}$$

$$\rightarrow \quad C_1=\frac{U_2}{h}-\frac{1}{2\mu}\left[\left(\frac{\partial p}{\partial r}\right)-\frac{\rho V_\theta^2}{r}\right]h \tag{11.8}$$

Substituindo por C_1 e C_2 na equação (11.5), tem-se:

$$V_r\,(z)=\frac{1}{2\mu}\left[\left(\frac{\partial p}{\partial r}\right)-\frac{\rho V_\theta^2}{r}\right]*\left[z(z-h)\right]+\frac{U_2}{h}z \tag{11.9}$$

A vazão volumétrica total do fluido lubrificante que escoa em todas as rampas da sapata é composta de dois termos:

$$\dot{\forall}_{feri} = N_s \int_{z=0}^{h} \int_{\theta=0}^{\Delta\theta_s} \left[V_r(z) \right] R_{min} \, dz \, d\theta \qquad (11.10)$$

$$\dot{\forall}_{fsre} = N_s \int_{z=0}^{h} \int_{\theta=0}^{\Delta\theta_s} \left[V_r(z) \right] R_{max} \, dz \, d\theta \qquad (11.11)$$

Onde: $\dot{\forall}_{feri} \equiv$ Vazão volumétrica do fluido que entra no lado interno da rampa (m^3/s); $\dot{\forall}_{fsre} \equiv$ Vazão volumétrica do fluido que sai do lado externo da rampa (m^3/s).

Substituindo pela equação (11.9) na equação (11.10), tem-se:

$$\dot{\forall}_{fsri} = N_s \int_{\theta=0}^{\Delta\theta_s} \int_{y=0}^{h} \left\{ \frac{1}{2\mu} \left[\left(\frac{\partial p}{\partial r} \right) - \frac{\rho V_\theta^2}{r} \right] * \left[z(z-h) \right] + \frac{U_2}{h} z \right\} R_{min} \, dz \, d\theta =$$

$$N_s R_{min} \int_{\theta=0}^{\Delta\theta_s} \left\{ \left[\frac{h^3}{12\mu} \left[-\left(\frac{\partial p}{\partial r} \right) + \frac{\rho V_\theta^2}{r} \right] + \frac{U_2 h}{2} \right] \right\} d\theta$$

(11.12)

O valor da integral acima pode ser aproximado por:

$$\dot{\forall}_{feri} \approx \frac{N_s R_{min}}{12\mu} \sum_{1}^{I_\theta} \left\{ h_i^3 \left[-\left(\frac{\partial p}{\partial r} \right) + \frac{\rho V_\theta^2}{r} \right]_{r=R_{min}} + 6\mu U_2 h \right\} \Delta\theta \tag{11.13}$$

Na equação acima o primeiro termo dentro da somatória é o componente da vazão do fluido devido ao componente de gradiente de pressão. Como a pressão tende a expulsar o fluido do mancal (e não ao contrário), pode-se escrever a equação acima da seguinte maneira:

$$\dot{\forall}_{feri} \approx \frac{N_s R_{min}}{12\mu} \sum_{1}^{I_\theta} \left\{ h_i^3 \left[-\left| \left(\frac{\partial p}{\partial r} \right) \right| + \frac{\rho V_\theta^2}{r} \right]_{r=R_{min}} + 6\mu U_2 h \right\} \Delta\theta_r \tag{11.14}$$

Analogamente, pode-se deduzir a equação da vazão do fluido que sai da rampa pelo lado externo da rampa;

$$\dot{\forall}_{fsre} \approx \frac{N_s R_{max}}{12\mu} \sum_{1}^{I_\theta} \left\{ h_i^3 \left[\left| \left(\frac{\partial p}{\partial r} \right) \right| + \frac{\rho V_\theta^2}{r} \right]_{r=R_{max}} + 6\mu U_2 h \right\} \Delta\theta_r \tag{11.15}$$

Onde I_θ é o número de pontos na direção azimutal (ou circunferencial) e $\Delta\theta_r$ é o incremento azimutal na rampa da sapata.

Além do fluido lubrificante que escoa na região da rampa, existe escoamento de fluido no canal de óleo e na superfície plana do mancal. Nestas regiões, não existe gradiente de pressão, e neste caso, ignora-se o componente de derivada da pressão na equação anterior:

$$\dot{\forall}_{fecoi} \approx \frac{N_s R_{min}}{12\mu} \left[h_i^3 \left(\frac{\rho V_\theta^2}{r} \right)_{r=R_{max}} + 6\mu U_2 h \right] \Delta\theta_{co}$$

(11.16)

$$\dot{\forall}_{fscoe} \approx \frac{N_s R_{max}}{12\mu} \left[h_i^3 \left(\frac{\rho V_\theta^2}{r} \right)_{r=R_{max}} + 6\mu U_2 h \right] \Delta\theta_{co}$$

(11.17)

Onde $\Delta\theta_{co}$ é o ângulo de abraçamento do canal de óleo. O mesmo pode ser feito para o escoamento na superfície plana do mancal:

$$\dot{\forall}_{fespi} \approx \frac{N_s R_{min}}{12\mu} \left[h_i^3 \left(\frac{\rho V_\theta^2}{r} \right)_{r=R_{min}} + 6\mu U_2 h \right] \Delta\theta_{sp}$$

(11.18)

$$\dot{\forall}_{fespe} \approx \frac{N_s R_{max}}{12\mu} \left[h_i^3 \left(\frac{\rho V_\theta^2}{r} \right)_{r=R_{max}} + 6\mu U_2 h \right] \Delta\theta_{sp} \tag{11.19}$$

Parte do fluido lubrificante que escoa para dentro da superfície plana do mancal irá fazer parte do fluido lubrificante que é fornecido para a região da rampa do mancal. Neste trabalho, assume-se que o total de fluido lubrificante fornecido para a região da rampa do mancal é composto de dois componentes: uma parte do fluido lubrificante que escoa para o canal de óleo e uma parte composta do fluido lubrificante que escoa para a superfície plana do mancal.

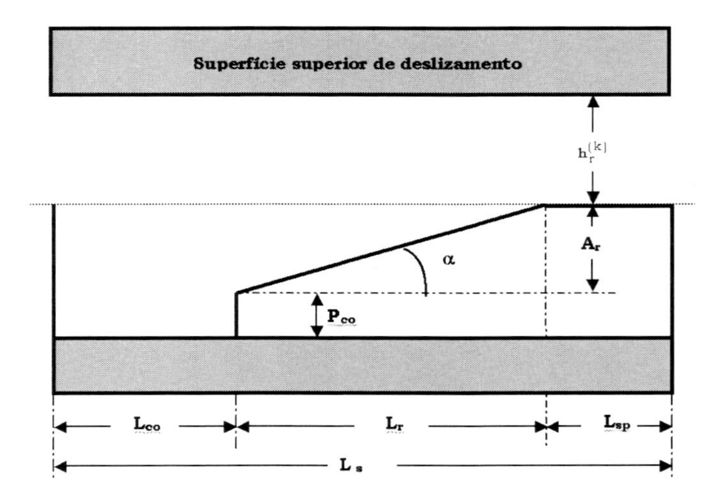

Figura 11.1 – Dimensões da sapata

Sejam β_{co} e β_{sp} dois número maiores que zero e menores que 1. Neste caso o fornecimento total do fluido lubrificante que escoa para a região da rampa do mancal é dado por:

$$\dot{\forall}_{fer} = \beta_{co}\dot{\forall}_{co} + \beta_{sp}\dot{\forall}_{sp} \tag{11.20}$$

Neste caso, ambos os termos que multiplicam as vazões de fluido lubrificante que escoam para dentro da região do canal de fluido lubrificante e para a superfície plana são calculados empiricamente. Uma estimativa para o valor inicial de β_{co} pode ser baseada na razão entre a espessura mínima do filme de fluido lubrificante (distância entre superfícies de deslizamento) e a distância total entre a parte inferior do canal de fluido lubrificante e a parte superior da superfície de deslizamento. Neste caso o valor de β pode ser calculado da seguinte maneira:

$$\beta = \frac{h_r^{(k)} + A_r}{\left[h_r^{(k)} + A_r + P_{co}\right]} \tag{11.21}$$

Observando a figura 11.1, verifica-se que de acordo com a formula anterior, apenas o fluido lubrificante que estiver acima da linha à uma distância P_{co} da parte inferior do canal de óleo será arrastado para a região da rampa.

Portanto, a melhor maneira de fazer um ajuste fino nestes valores, é assumindo "valores iniciais razoáveis" para estas constantes e comparar os resultados obtidos pelo programa de computador com os valores obtidos experimentalmente. Por exemplo, pode-se usar os seguintes valores: $\beta_{co} = 0.8$; $\beta_{sp} = 0.6$. Se o fornecimento de fluido lubrificante para a região da rampa for menor que o fluido lubrificante que escoa para fora da região da rampa, ou seja:

$$\dot{\forall}_{fer} < \dot{\forall}_{fsr} \tag{11.22}$$

Então, neste caso, pode ocorrer falta de fluido lubrificante ou **"oil starvation".**

11.3 – Potência de acionamento

O componente azimutal da velocidade do fluido num mancal axial é dado por:

$$V_{\theta}(z) = \frac{1}{2\mu}\left[\frac{1}{r}\left(\frac{\partial p}{\partial \theta}\right)\right]\left[z(z-h)\right] + \left(\frac{U_2 - U_1}{h}\right)z + U_1 \tag{11.23}$$

A tensão de cizalhamento na superfície de deslizamento superior do mancal é dada por:

$$\tau = \mu\left(\frac{\partial V_\theta}{\partial z}\right)_{z=h} \tag{11.24}$$

Diferenciando a equação (11.27) com relação à z e substituindo o valor z=h na equação resultante, tem-se:

$$\left(\frac{\partial V_\theta}{\partial z}\right)_{z=h} = \frac{h}{2\mu}\left[\frac{1}{r}\left(\frac{\partial p}{\partial \theta}\right)\right] + \left(\frac{U_2 - U_1}{h}\right) \tag{11.25}$$

Se a velocidade na superfície de deslizamento inferior do mancal for nula, então tem-se:

$$\left(\frac{\partial V_\theta}{\partial z}\right)_{z=h} = \frac{h}{2\mu}\left[\frac{1}{r}\left(\frac{\partial p}{\partial \theta}\right)\right] + \left(\frac{U_2}{h}\right) \tag{11.26}$$

Substituindo pela expressão anterior na equação (11.24):

$$\tau = \mu\left(\frac{\partial V_\theta}{\partial z}\right)_{z=h} = \frac{h}{2}\left[\frac{1}{r}\left(\frac{\partial p}{\partial \theta}\right)\right] + \left(\frac{\mu U_2}{h}\right) \tag{11.27}$$

A força total de atrito nas regiões de rampa é dada por :

$$F_{A_r} = N_s \int_{\theta=0}^{\Delta\theta_r} \int_{r=R_{min}}^{R_{max}} \left[\tau r\right] dr\, d\theta \tag{11.28}$$

Substituindo pela equação (11.27) na equação anterior, tem-se:

$$F_{A_r} = N_s \int_{\theta=0}^{\Delta\theta_r} \int_{r=R_{min}}^{R_{max}} \left[\frac{h}{2r} \left[\left(\frac{\partial p}{\partial \theta} \right) \right] + \left(\frac{\mu U_2}{h} \right) \right] r dr d\theta \quad (11.29)$$

O valor da integral acima pode ser aproximado numericamente por:

$$F_{A_r} = N_s \sum_{i=1}^{I_r} \sum_{j=1}^{I_\theta} \left[\frac{h}{2r} \left[\left(\frac{\partial p}{\partial \theta} \right) \right] + \left(\frac{\mu r \omega}{h} \right) \right] r \, \Delta r \, \Delta\theta \quad (11.30)$$

Na região do canal de óleo e na região da superfície plana não existe gradiente de pressão, então nestas regiões a força de atrito pode ser calculada por:

$$F_{A_{co}} = N_s \sum_{i=1}^{I_\theta} \sum_{j=1}^{I_r} \left(\frac{\mu r^2 \omega}{P_{co}} \right) \Delta r \, \Delta\theta \quad (11.31)$$

$$F_{A_{sp}} = N_s \sum_{i=1}^{I_\theta} \sum_{j=1}^{I_r} \left(\frac{\mu r^2 \omega}{h} \right) \Delta r \, \Delta\theta \quad (11.32)$$

A profundidade do canal de óleo é bem maior que a distância entre a região de superfície plana e a superfície de deslizamento superior, assim sendo a equação (11.31), que é o componente da força de atrito da região do canal de fluido lubrificante, pode ser desprezada.

11.4 – Cálculo da viscosidade do fluido lubrificante

No equacionamento proposto até agora, a viscosidade foi considerada conhecida. É possível, através de um processo iterativo, determinar um valor para a viscosidade média ("bulk viscosity") para o mancal e condições operacionais em questão. A metodologia usada para calcular a viscosidade média do fluido lubrificante, para mancais hidrodinâmicos axiais, é idêntica à usada no capítulo 8.3 para mancais hidrodinâmicos radiais e não será repetida aqui.

11.5 – Equilíbrio de forças – Cálculo da distância entre superfícies de deslizamento

Quando uma força é aplicada a um mancal hidrodinâmico axial, suas superfícies de deslizamento tendem a se aproximar ou a se mover a uma distância menor que gere uma força hidrodinâmica igual à força axial aplicada. Seja F_A a força axial aplicada e $F_h(h)$ a força hidrodinâmica gerada pelo mancal quando suas superfícies de deslizamento estiverem à uma distância h entre si. Seja h^* a distância entre as superfícies que equilibram as forças. A metodologia usada para calcular a distância entre superfícies para mancais axiais é idêntica à usada no capítulo 8.4 para mancais hidrodinâmicos radiais e não será repetida aqui.

Capítulo 12 – Solução Numérica da Equação de Reynolds para Mancais Radiais e Carregamento Dinâmico

Neste capítulo será exposta a teoria, assim como os algoritmos de solução numérica, necessários para a solução da equação de Reynolds para mancais radiais com carregamento dinâmico.

A equação que rege o comportamento de um mancal hidrodinâmico radial com carregamento dinâmico foi desenvolvida no capítulo 5 (equação (5.47)), e é reproduzida a seguir:

$$\frac{\partial}{\partial x}\left(\frac{h^3}{12\mu}\frac{\partial p}{\partial x}\right)+\frac{\partial}{\partial z}\left(\frac{h^3}{12\mu}\frac{\partial p}{\partial z}\right)=R\left(\frac{\omega_1+\omega_2}{2}\right)\frac{\partial h}{\partial x}+\frac{\partial h}{\partial t} \quad (12.1)$$

Onde :

$p \equiv$ Pressão no fluido lubrificante [Pa];

$h \equiv$ Espessura do filme lubrificante [m];

$\mu \equiv$ Viscosidade dinâmica do fluido lubrificante [Pa s];

$R \equiv$ Raio do eixo do mancal [m];

$\omega_1 \equiv$ Velocidade angular do eixo do mancal [rad/s];

$\omega_2 \equiv$ Velocidade angular do alojamento do mancal [rad/s];

$x \equiv$ Coordenada circunferencial do mancal [m];

$z \equiv$ Coordenada axial do mancal [m];

$\frac{\partial h}{\partial t} \equiv$ Velocidade de separação entre as superfícies de deslizamento do mancal (m/s).

Se o alojamento do mancal não girar, ou tiver velocidade angular nula ($R\omega_2 = 0$), então, neste caso, a equação 12.1 pode ser escrita da seguinte maneira:

$$\frac{\partial}{\partial x}\left(\frac{h^3}{12\mu}\frac{\partial p}{\partial x}\right)+\frac{\partial}{\partial z}\left(\frac{h^3}{12\mu}\frac{\partial p}{\partial z}\right)=\frac{R\omega}{2}\frac{\partial h}{\partial x}+\frac{\partial h}{\partial t} \qquad (12.2)$$

Onde ω é a velocidade angular do eixo do mancal (rad/s).

Assumindo, também, que a viscosidade do óleo é constante (não varia com x e y), e multiplicando a equação anterior 12μ, tem-se:

$$\frac{\partial}{\partial x}\left(h^3\frac{\partial p}{\partial x}\right)+\frac{\partial}{\partial z}\left(h^3\frac{\partial p}{\partial z}\right)=6\mu R\omega\frac{\partial h}{\partial x}+12\mu\frac{\partial h}{\partial t} \qquad (12.3)$$

12.1 – Órbita do eixo de um mancal hidrodinâmico radial

Considere um mancal hidrodinâmico radial com velocidade angular não nula. Se nenhuma carga for a ele aplicado, então o eixo e o alojamento permanecerão concêntricos, conforme esquematizado na figura 12.1.

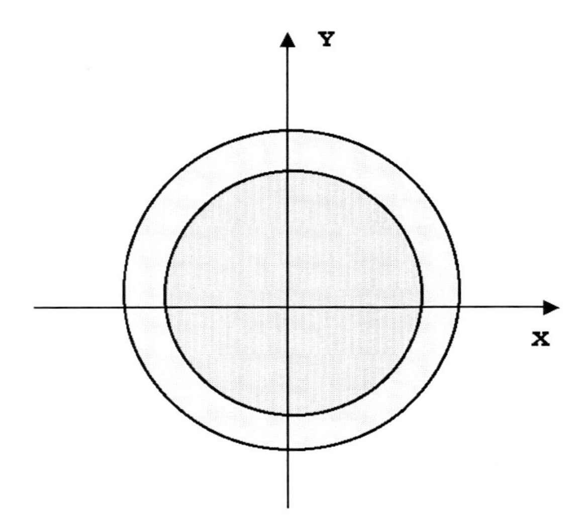

Figura 12.1 - Mancal hidrodinâmico radial concêntrico

Porém, se uma carga estática for aplicada ao eixo do mancal o mesmo se deslocará a uma posição de equilíbrio. Se uma carga dinâmica for a ele aplicada o eixo se movimentará dentro do alojamento, conforme será explicado posteriormente.

Quando uma carga é aplicada ao eixo de um mancal hidrodinâmico, o mesmo (eixo) se desloca, conforme esquematizado na figura 12.2. A linha que passa pelo centro do alojamento e pelo centro do eixo é denominada de linha de centros. A distância entre o centro do mancal e o centro do eixo é o deslocamento ou excentricidade do mancal.

Quando o módulo da carga (W) e/ou seu ângulo de aplicação (α) varia no tempo, daí então, tem-se o que é denominado de carregamento dinâmico.

Conforme mencionado anteriormente, a excentricidade mínima que um mancal radial pode ter é, evidentemente, zero, quando o eixo e o alojamento estão concêntricos (vide figura 12.1). Já a excentricidade máxima, por sua vez, não pode ultrapassar a folga radial do mancal. Portanto o valor máximo da excentricidade de um mancal radial é menor ou igual à sua folga radial. Assim sendo, pode-se dizer que

$$0 \leq e \leq C \tag{12.4}$$

Conforme já mencionado, é conveniente definir um numero admensional ε calculado pela razão entre a excentricidade do mancal e sua folga radial:

$$0 \leq \varepsilon \leq 1 \tag{12.5}$$

A este número adimensional dá-se o nome de fator de excentricidade de um mancal. O mesmo pode representar os seguintes casos extremos:

$$\varepsilon = \begin{cases} 0 & \Rightarrow \quad \text{mancal concentrico} \\ \\ 1 & \Rightarrow \quad \text{contato eixo alojamento} \end{cases} \tag{12.6}$$

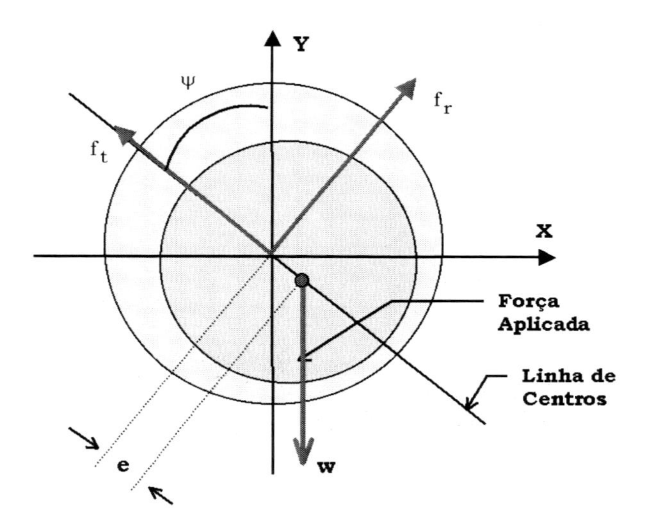

Figura 12.2 - Mancal radial carregado (excêntrico)

Quando sujeito a um carregamento dinâmico, o centro do eixo se movimentará dentro do alojamento do mancal e esta trajetória é denominada de órbita do mancal. Esta órbita torna-se mais fácil de ser visualizada se o conjunto de pontos da trajetória for desenhado dentro de um círculo cujo raio é igual à folga radial do mancal, conforme esquematizado na figura 12.4 Cada ponto dessa órbita pode ser identificado por um par ordenado (ε, α), onde ε é o fator de excentricidade do mancal e α o ângulo entre a linha de centros e o eixo y, ambos definidos acima.

Definição: A órbita de um mancal é a trajetória que o centro do eixo de um mancal traça quando o mesmo é submetido a um carregamento dinâmico. A figura 12.4 mostra esquematicamente uma órbita hipotética de um mancal hidrodinâmico radial.

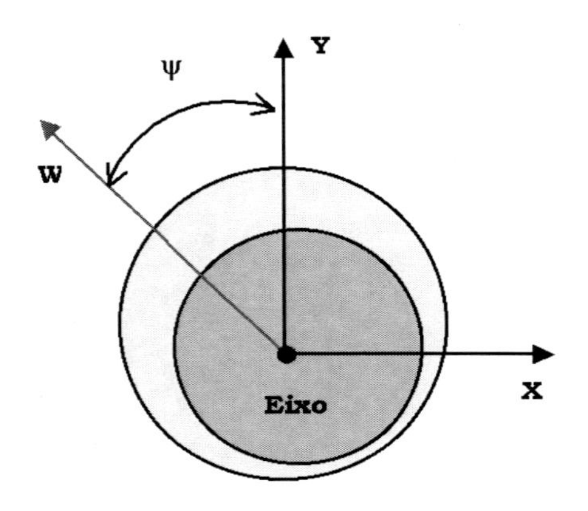

Figura 12.3 - Convenção do carregamento aplicado a mancal hidrodinâmico radial

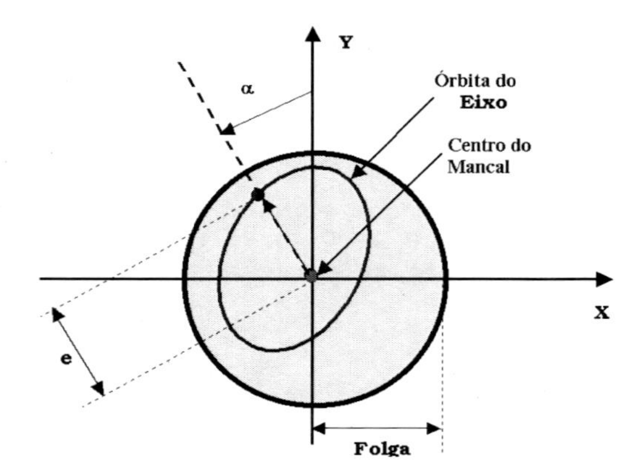

Figura 12.4 - Órbita do eixo de um mancal radial submetido a um carregamento dinâmico

12.2 - Cálculo do fator de excentricidade e do ângulo alfa

A carga dinâmica aplicada num mancal pode ser decomposta da seguinte forma:

$$\vec{W}(t) = W_x(t)\hat{\vec{i}} + W_y(t)\hat{\vec{j}} \tag{12.7}$$

Analisando a figura 12.2, verifica-se que a expressão anterior pode ser expressa da seguinte forma:

$$\vec{W}(t) = \left| \vec{W}(t) \right| \left\{ \cos\left[\psi(t)\right]\hat{\vec{j}} - \operatorname{sen}\left[\psi(t)\right]\hat{\vec{i}} \right\} \tag{12.8}$$

Onde : $\psi(t) \equiv$ Ângulo formado entre o eixo y e o vetor carga aplicada $\vec{W}(t)$.

A força hidrodinâmica calculada a partir da equação de Reynolds é dada por:

$$\vec{F}(t) = F_t(t)\hat{\vec{T}} + F_r(t)\hat{\vec{R}} \tag{12.9}$$

O vetor pode também ser decomposto em um componente tangencial e outro radial, da seguinte maneira:

$$\vec{W}(t) = W_t(t)\hat{\vec{T}} + W_r(t)\hat{\vec{R}} \tag{12.10}$$

Onde:

$$W_t(t) = W_y(t)\cos\lfloor\alpha(t)\rfloor + W_x(t)\mathrm{sen}\lfloor\alpha(t)\rfloor \quad (12.11)$$

$$W_r(t) = W_y(t)\mathrm{sen}\lfloor\alpha(t)\rfloor - W_x(t)\cos\lfloor\alpha(t)\rfloor \quad (12.12)$$

Para que ocorra o equilíbrio de forças, as seguintes condições devem ser verdadeiras em $t = t_0$:

$$W_t(t_0) = -F_t(t_0) \quad \text{e} \quad W_r(t_0) = -F_r(t_0) \quad (12.13)$$

Para um tempo posterior $t = t_0 + \Delta t$, tem-se:

$$W_t(t_0 + \Delta t) = -F_t(t_0 + \Delta t) \quad (12.14)$$

$$W_r(t_0 + \Delta t) = -F_r(t_0 + \Delta t) \quad (12.15)$$

Substituindo t por $t_0 + \Delta t$ nas equações (12.11) e (12.12), tem-se:

$$W_t(t_0 + \Delta t) = W_y(t_0 + \Delta t)\cos\lfloor\alpha(t_0 + \Delta t)\rfloor + W_x(t_0 + \Delta t)\mathrm{sen}\lfloor\alpha(t_0 + \Delta t)\rfloor$$

(12.16)

$$W_r(t_0 + \Delta t) = W_y(t_0 + \Delta t)\mathrm{sen}\lfloor\alpha(t_0 + \Delta t)\rfloor - W_x(t_0 + \Delta t)\cos\lfloor\alpha(t_0 + \Delta t)\rfloor$$

(12.17)

Substituindo pelas equações anteriores nas equações (12.14) e (12.15), tem-se:

$$W_y(t_0+\Delta t)\cos\lfloor\alpha(t_0+\Delta t)\rfloor + W_x(t_0+\Delta t)\,\text{sen}\lfloor\alpha(t_0+\Delta t)\rfloor = -F_t(t_0+\Delta t) \quad (12.18)$$

$$W_y(t_0+\Delta t)\,\text{sen}\lfloor\alpha(t_0+\Delta t)\rfloor - W_x(t_0+\Delta t)\cos\lfloor\alpha(t_0+\Delta t)\rfloor = -F_r(t_0+\Delta t) \quad (12.19)$$

Para diminuir o número de equações, faremos a demonstração apenas do componente tangencial da decomposição da força. Sabe-se que a força é função do fator de excentricidade ε e do ângulo α. Se o incremento de tempo for pequeno, pode-se usar a seguinte aproximação:

$$F_t(t_0+\Delta t) \approx F_t(t_0) + \frac{\partial F_t}{\partial \varepsilon}\Delta\varepsilon + \frac{\partial F_t}{\partial \alpha}\Delta\alpha \quad (12.20)$$

Substituindo pela expressão anterior na equação (12.14), tem-se:

$$W_y(t_0+\Delta t)\cos\lfloor\alpha(t_0+\Delta t)\rfloor +$$

$$W_x(t_0+\Delta t)\,\text{sen}\lfloor\alpha(t_0+\Delta t)\rfloor = -\left[F_t(t_0) + \frac{\partial F_t}{\partial \varepsilon}\Delta\varepsilon + \frac{\partial F_t}{\partial \alpha}\Delta\alpha\right] \quad (12.21)$$

Os incrementos acima podem ser aproximados por:

$$\Delta\varepsilon \approx \varepsilon^{(n+1)} - e^{(n)} \qquad \text{e} \qquad \Delta\alpha \approx \alpha^{(n+1)} - \alpha^{(n)} \tag{12.22}$$

Nas equações acima, os superescritos (n+1) e (n) representam os níveis de tempo. Substituindo pelos termos da expressão anterior no lado direito da equação (12.21), tem-se:

$$W_y (t_0 + \Delta t)\cos\left[\alpha(t_0 + \Delta t)\right] + W_x (t_0 + \Delta t)\mathrm{sen}\left[\alpha(t_0 + \Delta t)\right] = -$$

$$\left\{F_t (t_0) + \frac{\partial F_t}{\partial \varepsilon}\left[\varepsilon^{(n+1)} - \varepsilon^{(n)}\right]\Delta\varepsilon + \frac{\partial F_t}{\partial \alpha}\left[\alpha^{(n+1)} - \alpha^{(n)}\right]\right\} \tag{12.23}$$

Usando a seguinte simbologia

$$W_y^{(n+1)} = W_y (t_0 + \Delta t) \quad ; \quad W_x^{(n+1)} = W_x (t_0 + \Delta t) \quad ; \quad F_t^{(n)} = F_t (t \tag{12.24}$$

na equação (12.23), tem-se:

$$W_y^{(n+1)} \cos\left[\alpha(t_0 + \Delta t)\right] + W_x^{(n+1)} \operatorname{sen}\left[\alpha(t_0 + \Delta t)\right] = -$$

$$\left\{ F_t^{(n)} + \frac{\partial F_t}{\partial \varepsilon}\left[\varepsilon^{(n+1)} - \varepsilon^{(n)}\right]\Delta\varepsilon + \frac{\partial F_t}{\partial \alpha}\left[\alpha^{(n+1)} - \alpha^{(n)}\right]\right\}$$

(12.25)

As expressões seno e coseno acima podem ser expressas através da relação trigonométrica das funções seno e coseno de soma de parâmetros, da seguinte maneira:

$$\cos\left[\alpha(t_0 + \Delta t)\right] = \cos\left[\alpha_0 + \Delta\alpha\right] = \cos(\alpha_0)\cos(\Delta\alpha) - \operatorname{sen}(\alpha_0)\operatorname{sen}(\Delta\alpha)$$

$$\operatorname{sen}\left[\alpha(t_0 + \Delta t)\right] = \operatorname{sen}\left[\alpha_0 + \Delta\alpha\right] = \operatorname{sen}(\alpha_0)\cos(\Delta\alpha) + \operatorname{sen}(\alpha_0)\cos(\Delta\alpha)$$

(12.26)

Usando as expressões acima na equação (12.25), tem-se:

$$W_y^{(n+1)}\left[\cos(\alpha_0)\cos(\Delta\alpha) - \operatorname{sen}(\alpha_0)\operatorname{sen}(\Delta\alpha)\right] +$$

$$W_x^{(n+1)}\left[\cos(\alpha_0)\operatorname{sen}(\Delta\alpha) + \cos(\alpha_0)\operatorname{sen}(\Delta\alpha)\right] = - \qquad (12.27)$$

$$\left\{ F_t^{(n)} + \frac{\partial F_t}{\partial \varepsilon}\left[\varepsilon^{(n+1)} - \varepsilon^{(n)}\right]\Delta\varepsilon + \frac{\partial F_t}{\partial \alpha}\left[\alpha^{(n+1)} - \alpha^{(n)}\right]\right\}$$

Analogamente, pode-se fazer a mesma álgebra e mostrar que:

$$W_y^{(n+1)}\left[\cos(\alpha_0)\mathrm{sen}(\Delta\alpha)+\cos(\alpha_0)\mathrm{sen}(\Delta\alpha)\right]-$$

$$W_x^{(n+1)}\left[\cos(\alpha_0)\cos(\Delta\alpha)-\mathrm{sen}(\alpha_0)\mathrm{sen}(\Delta\alpha)\right]=- \qquad (12.28)$$

$$\left\{F_r^{(n)}+\frac{\partial F_r}{\partial \varepsilon}\left[\varepsilon^{(n+1)}-\varepsilon^{(n)}\right]\Delta\varepsilon+\frac{\partial F_r}{\partial \alpha}\left[\alpha^{(n+1)}-\alpha^{(n)}\right]\right\}$$

As equações (12.27) e (12.28) representam um sistema de equações algébricas não lineares, cujas incógnitas são $\Delta\varepsilon$ e $\Delta\alpha$. A solução deste sistema pode ser resolvida através do método de Newton-Raphson para sistemas, discutido em detalhe no capítulo 4. O sistema acima pode ser expresso na forma homogênea, da seguinte maneira:

$$H_1(\varepsilon,\alpha)=W_y^{(n+1)}\left[\cos(\alpha_0)\cos(\Delta\alpha)-\mathrm{sen}(\alpha_0)\mathrm{sen}(\Delta\alpha)\right]+$$

$$W_x^{(n+1)}\left[\cos(\alpha_0)\mathrm{sen}(\Delta\alpha)+\cos(\alpha_0)\mathrm{sen}(\Delta\alpha)\right]+$$

$$\left\{F_t^{(n)}+\frac{\partial F_t}{\partial \varepsilon}\left[\varepsilon^{(n+1)}-\varepsilon^{(n)}\right]\Delta\varepsilon+\frac{\partial F_t}{\partial \alpha}\left[\alpha^{(n+1)}-\alpha^{(n)}\right]\right\}=0$$

(12.29)

$$H_2(\varepsilon,\alpha) = W_y^{(n+1)}\left[\cos(\alpha_0)\mathrm{sen}(\Delta\alpha) + \cos(\alpha_0)\mathrm{sen}(\Delta\alpha)\right] -$$

$$W_x^{(n+1)}\left[\cos(\alpha_0)\cos(\Delta\alpha) - \mathrm{sen}(\alpha_0)\mathrm{sen}(\Delta\alpha)\right] +$$

$$\left\{F_r^{(n)} + \frac{\partial F_r}{\partial \varepsilon}\left[\varepsilon^{(n+1)} - \varepsilon^{(n)}\right]\Delta\varepsilon + \frac{\partial F_r}{\partial \alpha}\left[\alpha^{(n+1)} - \alpha^{(n)}\right]\right\} = 0$$

(12.30)

Que pode ser expresso em forma matricial, da seguinte maneira:

$$\vec{H} = (H_1, H_2)^T = \vec{0} \qquad (12.31)$$

onde H_1 e H_2 são as equações homogêneas desenvolvidas acima. Seja $\vec{Y}$ o vetor das incógnitas, dado por:

$$\vec{Y} = (\Delta\varepsilon, \Delta\alpha)^T \qquad (12.32)$$

Através do método de Newton-Raphson para sistemas, é possível construir uma seqüência de aproximações lineares da solução exata do problema, dada por:

$$\left[\frac{\partial \vec{H}}{\partial \vec{Y}}\right] \Delta\vec{Y}^{(k+1)} = -H\left[\vec{Y}^{(k)}\right] \qquad (12.33)$$

onde : $\left[\frac{\partial \vec{H}}{\partial \vec{Y}}\right] \equiv$ Matriz Jacobiana do sistema;

$\Delta\vec{Y}^{(k+1)} = \vec{Y}^{(k+1)} - \vec{Y}^{(k)}$;

(k+1) e (k) são níveis do processo iterativo.

O valor do vetor $\Delta\vec{Y}$ dado pela (k+1)-ésima iteração pode ser calculado por:

$$\vec{Y}^{(k+1)} = \vec{Y}^{(k)} + \Delta\vec{Y}^{(k+1)} \qquad (12.34)$$

Como em todo processo iterativo, deve-se estabelecer um critério de parada. Resolve-se o sistema dado por (12.33) M vezes, onde M é um valor de iteração para o qual:

$$\sum_{\lambda=1}^{2} \frac{\left|H_\lambda^{(M)} - H_\lambda^{(M-1)}\right|}{\left|H_\lambda^{(M)}\right| + \varepsilon} < \delta \qquad \text{ou} \qquad M \geq K_{max} \qquad (12.35)$$

Onde δ é um valor maior que zero, inversamente proporcional à precisão desejada, e ε é um número bem pequeno para evitar divisão por zero.

12.3 – Cálculo da estimativa inicial para o método iterativo de Newton-Raphson

Conforme exposto anteriormente, as expressões (12.27) e (12.28) formam um sistema de equações não lineares, cuja solução pode ser obtida através do método de Newton-Raphson. O número de iterações necessárias para a convergência depende muito do valor da estimativa inicial das variáveis independentes. É possível diminuir o número de iterações (ou aumentar a velocidade de convergência) do processo iterativo e diminuir a probabilidade de divergência do mesmo, utilizando um artifício que aproxima a estimativa inicial à solução do problema. Este artifício consiste na linearização dos termos não lineares do sistema original. Desta forma obtém-se um sistema linear com incógnitas ε e α, que podem ser usadas como estimativa inicial do sistema não linear. Nas equações anteriores foram usadas as relações trigonométricas dadas pela equação (12.26):

$$\cos\left[\alpha(t_0 + \Delta t)\right] = \cos\left[\alpha_0 + \Delta\alpha\right] = \cos(\alpha_0)\cos(\Delta\alpha) - \text{sen}(\alpha_0)\text{sen}(\Delta\alpha)$$

$$\text{sen}\left[\alpha(t_0 + \Delta t)\right] = \text{sen}\left[\alpha_0 + \Delta\alpha\right] = \text{sen}(\alpha_0)\cos(\Delta\alpha) + \text{sen}(\alpha_0)\cos(\Delta\alpha)$$

(12.36)

Porém, se $\Delta\alpha$ for pequeno, as expressões da equação acima pode ser aproximadas por:

$$\cos\left[\alpha_0 + \Delta\alpha\right] \approx \cos(\alpha_0) - \Delta\alpha\,\text{sen}(\alpha_0)$$

(12.37)

$$\text{sen}\left[\alpha_0 + \Delta\alpha\right] \approx \text{sen}(\alpha_0) + \Delta\alpha\cos(\alpha_0)$$

Substituindo pelas expressões da equação anterior nas equações (12.29) e (12.30), obtém-se:

$$H_1(\varepsilon,\alpha) = W_y^{(n+1)}\left[\cos(\alpha_0) - \Delta\alpha\,\text{sen}(\alpha_0)\right] +$$

$$W_x^{(n+1)}\left[\Delta\alpha\cos(\alpha_0) + \Delta\alpha\cos(\alpha_0)\right] + \qquad (12.38)$$

$$\left\{F_t^{(n)} + \frac{\partial F_t}{\partial \varepsilon}\Delta\varepsilon + \frac{\partial F_t}{\partial \alpha}\Delta\alpha\right\} = 0$$

É possível manipular algebricamente as expressões anteriores e colocar as incógnitas em evidência, da seguinte maneira:

$$\Delta\alpha\left\{\begin{array}{l} W_y^{(n+1)}\left[\cos(\alpha_0)+\cos(\alpha_0)\right]- \\ \\ W_x^{(n+1)}\left[\Delta\alpha\cos(\alpha_0)-\Delta\alpha\,\mathrm{sen}(\alpha_0)\right]-\dfrac{\partial F_r}{\partial\alpha} \end{array}\right\}$$

$$+\Delta\varepsilon\left[-\frac{\partial F_r}{\partial\varepsilon}\right]=F_r^{(n)} \tag{12.39}$$

$$\Delta\alpha\left\{\begin{array}{l} W_y^{(n+1)}\left[\cos(\alpha_0)-\mathrm{sen}(\alpha_0)\right]+ \\ \\ W_x^{(n+1)}\left[\cos(\alpha_0)+\cos(\alpha_0)\right]+\dfrac{\partial F_t}{\partial\alpha} \end{array}\right\}$$

$$+\Delta\varepsilon\left\{\frac{\partial F_t}{\partial\varepsilon}\right\}=-F_t^{(n)} \tag{12.40}$$

As duas equações anteriores podem ser expressas como um sistema linear de ordem 2, da seguinte maneira:

$$\begin{aligned} a_{11}\Delta\varepsilon + a_{12}\Delta\alpha &= b_1 \\ a_{21}\Delta\varepsilon + a_{22}\Delta\alpha &= b_2 \end{aligned} \quad \text{ou} \quad \tilde{A}\vec{x} = \vec{b} \tag{12.41}$$

Onde:

$$a_{11} = -\frac{\partial F_r}{\partial \varepsilon} \tag{12.42}$$

$$a_{12} = \left\{ \begin{aligned} & W_y^{(n+1)}\left[\cos(\alpha_0) + \cos(\alpha_0)\right] - \\ & W_x^{(n+1)}\left[\Delta\alpha\cos(\alpha_0) - \Delta\alpha\,\mathrm{sen}(\alpha_0)\right] - \frac{\partial F_r}{\partial \alpha} \end{aligned} \right\} \tag{12.43}$$

$$a_{21} = \left\{ \frac{\partial F_t}{\partial \varepsilon} \right\} \tag{12.44}$$

$$a_{22} = \left\{ \begin{aligned} & W_y^{(n+1)}\left[\cos(\alpha_0) - \mathrm{sen}(\alpha_0)\right] + \\ & W_x^{(n+1)}\left[\cos(\alpha_0) + \cos(\alpha_0)\right] + \frac{\partial F_t}{\partial \alpha} \end{aligned} \right\} \tag{12.45}$$

$$b_1 = F_r^{(n)} \tag{12.46}$$

$$b_2 = -F_t^{(n)} \tag{12.47}$$

A solução do sistema linear acima pode ser obtida pela regra de Cramer:

$$\Delta\varepsilon = \frac{\det(\tilde{A}_1)}{\det(\tilde{A})} \quad ; \quad \Delta\alpha = \frac{\det(\tilde{A}_2)}{\det(\tilde{A})} \tag{12.48}$$

A solução do sistema linear dado pela expressão anterior, fornecerá valores das incógnitas $(\Delta\varepsilon, \Delta\alpha)$ que podem ser usados como estimativa inicial para a solução do sistema não linear dado pela equação (12.31), reproduzida abaixo:

$$\vec{H} = (H_1, H_2)^T = \vec{0} \tag{12.49}$$

12.4 – Cálculo das derivadas da força hidrodinâmica

Nos capítulos anteriores, a força hidrodinâmica na vizinhança de $t = t_0$ foi aproximada por uma série de Taylor de primeira ordem, da seguinte maneira:

$$F_t(t_0 + \Delta t) = F_t(t_0) + \frac{\partial F_t}{\partial \varepsilon}\Delta\varepsilon + \frac{\partial F_t}{\partial \alpha}\Delta\alpha \tag{12.50}$$

$$F_r(t_0 + \Delta t) = F_r(t_0) + \frac{\partial F_r}{\partial \varepsilon}\Delta\varepsilon + \frac{\partial F_r}{\partial \alpha}\Delta\alpha \qquad (12.51)$$

Os valores das derivadas que aparecem nas equações anteriores não são conhecidos apriori, e devem ser calculados numericamente. O cálculo destas derivadas é feito da seguinte maneira: dá-se valores numéricos para as variáveis $(\varepsilon_0, \alpha_0)$ e calcula-se o valor dos componentes da força hidrodinâmica nestes pontos:

$$F_t(\varepsilon_0, \alpha_0) \qquad (12.52)$$

$$F_r(\varepsilon_0, \alpha_0) \qquad (12.53)$$

A seguir, dá-se uma pequena perturbação em ε e calcula-se novamente o valor dos componentes da força hidrodinâmica:

$$F_t(\varepsilon_0 + \Delta\varepsilon, \alpha_0) \qquad (12.54)$$

$$F_r(\varepsilon_0 + \Delta\varepsilon, \alpha_0) \qquad (12.55)$$

Subtraindo a equação (12.52) da equação (12.54) e dividindo pelo valor do incremento $\Delta\varepsilon$, tem-se uma aproximação para a derivada parcial do componente tangencial da força hidrodinâmica com relação a ε:

$$\frac{\partial F_t}{\partial \varepsilon} \approx \frac{F_t(\varepsilon_0 + \Delta\varepsilon, \alpha_0) - F_t(\varepsilon_0, \alpha_0)}{\Delta\varepsilon} \tag{12.56}$$

O mesmo pode ser feito para o componente radial da força hidrodinâmica:

$$\frac{\partial F_r}{\partial \varepsilon} \approx \frac{F_r(\varepsilon_0 + \Delta\varepsilon, \alpha_0) - F_r(\varepsilon_0, \alpha_0)}{\Delta\varepsilon} \tag{12.57}$$

E analogamente para as derivadas parciais dos componentes da força hidrodinâmica com relação à α:

$$\frac{\partial F_t}{\partial \alpha} \approx \frac{F_t(\varepsilon_0, \alpha_0 + \Delta\alpha) - F_t(\varepsilon_0, \alpha_0)}{\Delta\alpha} \tag{12.58}$$

$$\frac{\partial F_r}{\partial \alpha} \approx \frac{F_r(\varepsilon_0, \alpha_0 + \Delta\alpha) - F_r(\varepsilon_0, \alpha_0)}{\Delta\alpha} \tag{12.59}$$

Um ponto importante a ser mencionado aqui é com relação ao valor da perturbação a ser dada às variáveis para a obtenção das aproximações das derivadas parciais dos componentes da força hidrodinâmica. Não se sabe apriori qual é o valor inicial das variáveis. Um bom método através do qual se obtém uma boa aproximação dos valores da derivadas é o seguinte:

$$\alpha_0 + \Delta\alpha = \alpha_0 (1 + \delta) \qquad \text{e} \qquad \varepsilon_0 + \Delta\varepsilon = \varepsilon_0 (1 + \delta) \tag{12.60}$$

Onde δ é um número dado por

$$\delta = 10^{\frac{-q}{2}} \tag{12.61}$$

Onde q é o número de casas decimais representáveis pelo computador com o qual se está trabalhando.

12.5 – Cálculo do valor dos incrementos temporais

Resolvendo o sistema algébrico dado pela equação (12.33), juntamente com as estimativas mencionadas anteriormente, consegue-se avançar com a solução da equação de Reynolds no domínio do tempo. O tamanho do intervalo de tempo usado para a solução é de vital importância para que se consiga convergência nos resultados obtidos. Através de experiência com este tipo de problema, pode-se verificar que, quando a carga imposta ao mancal varia bastante em função do tempo, é necessário que se adote um incremento temporal bem pequeno. Por exemplo, para máquinas reciprocativas, tais como motores de combustão interna, às vezes é necessário um incremento temporal da ordem de 1/100 (um centésimo) de ângulo de giro do eixo do mancal, para que se obtenha convergência do método iterativo. Porém, fixar o valor do incremento temporal neste valor, acarretaria um tempo excessivo para a obtenção da solução, devido à altíssima quantidade de cálculo necessário, e conseqüente tempo de CPU. Para contornar este problema e torná-lo viável de solução numa escala de tempo razoável, torna-se necessário adotar um esquema através do qual pode-se alterar o incremento temporal em função da "severidade" da carga aplicada ao mancal.

Em primeiro lugar, deve-se estabelecer um valor para os incrementos temporais mínimo e máximo. Por exemplo, pode-se adotar:

$$\Delta t_{min} = 0.01 \text{ graus} \qquad \text{e} \qquad \Delta t_{max} = 10 \text{ graus} \qquad (12.62)$$

onde o intervalo de tempo anterior refere-se a graus de revolução do eixo do mancal.

Tendo estipulado um nível de tempo pequeno, por exemplo Δt_{min}, resolve-se, então, as equações anteriores. Havendo convergência do método iterativo, dá-se um acréscimo para o novo incremento de tempo que será usado para avançar a solução da equação de Reynolds no domínio do tempo. O cálculo deste acréscimo deve obedecer a certos critérios para que o incremento de tempo aumente gradativamente, e, conseqüentemente, diminua a probabilidade de uma posterior não convergência. Para tanto é necessário estipular certas regras, como por exemplo:

$$\Delta t^{(n+1)} = \beta \, \Delta t^{(n+1)} \tag{12.63}$$

Onde β é um número maior que 1. Para que o aumento do incremento temporal seja gradual e garanta as ponderações feitas anteriormente, é necessário que o valor de β seja próximo da unidade. A cada vez que se dá um aumento no acréscimo temporal, deve-se verificar se o valor do mesmo não ultrapassa o valor máximo. A cada acréscimo, executa-se o seguinte teste:

$$\text{se} \qquad \Delta t^{(n+1)} \geq \Delta t_{max} \qquad \text{então} \qquad \Delta t^{(n+1)} = \Delta t_{max} \tag{12.64}$$

Desta maneira o incremento de tempo aumenta gradativamente e a solução da equação de Reynolds avança no tempo, com incrementos de tempo cada vez maiores até que o mesmo atinja o valor máximo estipulado. Quando a solução, por algum motivo, não convergir, deve-se, então, gravar todos os valores da solução do nível de tempo anterior e resolver a equação de Reynolds novamente, porém, desta vez, com um incremento de tempo menor. Neste caso pode-se usar um critério parecido ao anterior, com um valor de β próximo de um, porém, agora menor que 1. E da mesma maneira que a anterior, calcula-se um novo valor para o incremento de tempo, e verifica-se se o mesmo não está abaixo do valor mínimo estabelecido:

$$\Delta t^{(n+1)} = \beta \Delta t^{(n)} \tag{12.65}$$

$$\text{se} \qquad \Delta t^{(n+1)} \leq \Delta t_{min} \qquad \text{então} \qquad \Delta t^{(n+1)} = \Delta t_{min} \tag{12.66}$$

A título de exemplo, pode-se usar valores de 0.8 e 1.2 para β nos cálculos anteriores, para o decréscimo e o aumento do incremento temporal Δt , respectivamente.

Através do procedimento explicado anteriormente, é possível, então, avançar a solução no tempo, através de soluções subseqüentes da equação de Reynolds, diminuindo, assim, o tempo de processamento necessário e aumentando a probabilidade de convergência.

Capítulo 13 – A Geometria das Superfícies de Deslizamento em mancais Hidrodinâmicos Radiais e sua influência nas características Operacionais dos mesmos

Conforme mencionado anteriormente, o comportamento de mancais hidrodinâmicos radiais sob condições reais de operação pode ser obtido através da solução da equação de Reynolds em coordenadas Cartesianas com carregamento dinâmico, reproduzida a seguir:

$$\left\{\frac{\partial}{\partial x}\left[\frac{h^3}{12\mu}\left(\frac{\partial p}{\partial x}\right)\right]\right\}+\frac{\partial}{\partial z}\left[\frac{h^3}{12\mu}\left(\frac{\partial p}{\partial z}\right)\right]=\frac{R\omega}{2}\frac{\partial h}{\partial x}+\frac{\partial h}{\partial t} \qquad (13.1)$$

13.1 – Introdução

Se o carregamento for estático, ignora-se o último termo da equação anterior. As condições de contorno são:

$$p(x=0)=p(x=2\pi R)=0 \qquad (13.2)$$

e a condição de contorno de Reynolds:

$$\text{if} \quad p(x,z) < p_{cav} \quad \Rightarrow \quad p(x,z)=p_{cav} \qquad (13.3)$$

onde p_{cav} é a pressão de cavitação do fluido lubrificante do mancal.

Quando se projeta um mancal hidrodinâmico, objetiva-se ter um mancal que tenha uma longa vida operacional sem apresentar falhas prematuras. Para que isto aconteça, é desejável que se possa controlar certos parâmetros operacionais que podem encurtar a vida útil do mancal. Em geral, é desejável:

01. Minimizar a pressão máxima do filme de óleo (p_{max});
02. Maximizar a espessura mínima do filme de óleo (h_{min});
03. Minimizar a potência de acionamento do mancal ($\dot{W}_f$);
04. Maximizar a vazão de óleo do mancal ($\dot{V}_{oil}$);
05. Minimizar a temperatura de funcionamento do filme de óleo (T_m).

Existem várias coisas que podem ser feitas, na fase de projeto, para melhorar os parâmetros operacionais de mancais mencionados anteriormente. Pode-se, por exemplo, entre outras coisas:

- Aumentar o raio do eixo do mancal;
- Aumentar a largura do mancal;
- Aumentar o diâmetro do eixo do mancal;
- Aumentar a velocidade angular do eixo do mancal;
- Alterar a folga radial do mancal;
- Diminuir a temperatura de entrada ou usar um óleo com viscosidade maior.

Porém, quando se projeta um mancal para uma determinada finalidade, como por exemplo, para um motor de combustão interna, a maioria das características geométricas e operacionais do mancal acima descritas já foi especificada pelo cliente e não podem ser alteradas. O projetista de mancal, geralmente, não tem liberdade de alterá-las. Muitas vezes, a única característica geométrica sobre a qual o projetista de mancal tem liberdade de alteração é a folga radial do mesmo. Se este for o caso, é possível, então, tentar diversos valores para a folga radial do mancal. Isso certamente irá alterar os valores dos parâmetros operacionais do mancal. Porém, isto nem sempre resolve o problema em questão, e quando isto acontece, uma alternativa viável é tentar alterar a geometria do alojamento do mancal.

É possível até imaginar que a geometria ideal para um mancal hidrodinâmico radial seja aquela com a superfície de deslizamento perfeitamente plana no sentido axial e perfeitamente circular no sentido circunferencial. Porém, isto nem sempre é verdade. Às vezes, pequenas (ou micro) modificações geométricas na superfície de deslizamento de um mancal hidrodinâmico radial, podem alterar significativamente seus parâmetros operacionais. E, dependendo de quais parâmetros se deseja minimizar ou maximizar, micro alterações geométricas na superfície de deslizamento pode ser uma ferramenta de extrema importância para o projeto de mancais hidrodinâmicos radiais com características operacionais significativamente melhores.

13.2 – O conceito de perfilamento da superfície de deslizamento de mancais hidrodinâmicos radiais

Conforme mencionado anteriormente, um mancal hidrodinâmico radial com a superfície de deslizamento perfeitamente plana no sentido axial e perfeitamente circular no sentido circunferencial nem sempre possui parâmetros operacionais otimizados. Às vezes, para melhorar as características operacionais de um mancal hidrodinâmico radial, sob condições reais de operação, torna-se benéfico, e, às vezes, até necessário, introduzir micro alterações na superfície de deslizamento do mesmo.

Este conceito, de que micro modificações na superfície de deslizamento de mancais hidrodinâmicos radiais poderia, de fato, alterar significativamente o comportamento de parâmetros operacionais de mancais hidrodinâmicos, sob condições reais de funcionamento, não era totalmente aceito pela comunidade científica até o fim da década de 80.

Em 1985, apresentei esta idéia a professores do departamento de Engenharia Mecânica de uma conceituada Universidade Inglesa, quando lá estive como Professor Visitante. Apesar do aparente potencial desta idéia como uma ferramenta para o auxílio de projeto de mancais hidrodinâmicos, houve muita oposição. Na realidade, esta idéia foi veementemente contestada e descartada baseada em "argumentos aparentemente lógicos", por pessoas que, na época, eram pesquisadores experientes e dominavam bem este assunto (mancais hidrodinâmicos).

Independente dos pareceres e conselhos contrários a esta idéia, continuei a desenvolvê-las, e, no fim da década de 80, comecei a pô-las em prática. Na época, trabalhava no setor industrial, na área de projeto de mancais hidrodinâmicos para motores de combustão interna. Muita pesquisa aplicada foi desenvolvida, nesta área, a partir de então, e diversas patentes foram obtidas, porém detalhes destes problemas, assim como resultados obtidos não podem aparecer aqui explicitamente devido ao sigilo industrial referente aos detalhes de projetos de propriedade alheia. Com o resultado das pesquisas, ficou constatado que aspectos geométricos da superfície de deslizamento de um mancal radial podem de fato afetar drasticamente seus parâmetros operacionais sob condições reais de operação. Estudos pioneiros a respeito deste tópico, que comprovaram definitivamente a eficiência desta técnica foram desenvolvidos a partir de 1988 [12, 16].

13.3 – Perfilamento axial – um estudo de caso

Neste estudo de caso, um programa de computador que resolve a equação de Reynolds para mancais radiais com geometria arbitrária foi usado para fazer simulações das condições operacionais de um mancal hidrodinâmico radial com uma superfície de deslizamento axial não perfeitamente plana.

Considere um mancal hidrodinâmico radial no qual é introduzida uma alteração geométrica na superfície axial do mesmo, através de uma curva senoidal. Desta maneira, o valor da espessura de filme não permanece fixo no sentido axial, mas apresenta um desvio da planicidade original, dado pela seguinte função:

$$h^*_{i,j} = h_{i,j} + \delta \operatorname{sen}\left(\frac{j\pi}{I_z}\right) \qquad (13.4)$$

A superfície de deslizamento, neste caso, apresenta uma concavidade ou convexidade senoidal, cujo máximo desvio da superfície plana é dado por δ, no meio da superfície, no sentido axial, conforme esquematizado na figura 13.1.

Neste caso o valor de δ foi variado dentro de uma margem pré-especificada:

$$-0.2 * FR \le \delta \le 0.2 * FR \qquad (13.5)$$

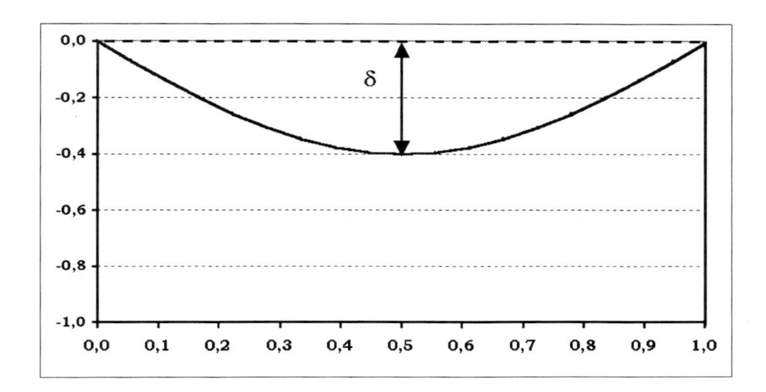

Figura 13.1 – Perfilamento senoidal na superfície de deslizamento axial

Os valores usados para δ foram:

$$\delta = \gamma \, FR \qquad ; \qquad \gamma = -0.20, -0.15, -0.10, -0.05, 0, 0.05, 0.10, 0.15, 0.20 \tag{13.6}$$

Os dados usados para a simulação deste problema são apresentados na tabela 13.1.

Dado de Entrada	Valor
Velocidade angular do eixo	3000 rpm
Diâmetro do eixo	60 mm
Largura do mancal	20 mm
Folga radial de referência	50 microns
Tipo do óleo lubrificante	SAE 30
Temperatura de entrada do óleo	100 °C
Carga aplicada ao mancal	5000 N

Tabela 13.1 – Dados de entrada usados para a simulação do problema

Os resultados de alguns parâmetros operacionais em função do tamanho relativo do eixo vertical são apresentados na tabela 13.2.

γ	h_{min} (micron)	p_{max} (atm)	$\dot{W}_f$ (W)	$\dot{V}_{oil}$ (l/m)	T_m (°C)
+0.20	2.592	129.3	191.2	0.2327	109.2
+0.15	3.048	137.0	193.8	0.2302	109.5
+0.10	3.529	145.8	196.9	0.2272	109.7
+0.05	4.031	156.5	200.7	0.2239	110.1
0.00	4.559	169.9	205.2	0.2202	110.5
-0.05	3.873	186.8	210.5	0.2158	111.0
-0.10	3.233	208.4	216.4	0.2108	111.5
-0.15	2.651	235.7	222.8	0.2050	112.2
-0.20	2.155	266.7	229.1	0.1981	113.0

Tabela 13.2 – Valor de alguns parâmetros operacionais em função do valor de γ

Como pode ser visto pelos resultados anteriores, a geometria axial da superfície de deslizamento de um mancal hidrodinâmico radial tem uma forte influência no valor de seus parâmetros operacionais, ou na sua performance. Pela tabela 13.2 pode ser visto que um perfilamento senoidal côncavo com amplitude de 20% da folga radial, causou uma diminuição na espessura do filme de óleo de 4.559 microns para 2.592 microns (uma redução relativa de 43.15%), a pressão máxima de filme de óleo diminui de 169.9 atm para 129.3 atm (uma redução percentual relativa de 23.90%), a potência de acionamento diminuiu de 205.2 W para 191.2 W (uma redução percentual relativa de 6.82%), a vazão de óleo aumentou de 0.2202 l/m para 0.2327 l/m (um aumento percentual relativo de 5.68%) e a temperatura média do óleo diminuiu de 110.5 °C para 109.2 °C (uma redução percentual relativa de 1.18%). O valor exato da variação percentual relativa de cada um dos parâmetros acima em função do valor de γ é apresentado na tabela 13.3.

γ	Δh_{min}	Δp_{max}	$\Delta \dot{W}_f$	$\Delta \dot{V}_{óleo}$	ΔT_m
+0.20	-43.15	-23.90	-6.82	5.68	-1.18
+0.15	-33.14	-19.36	-5.56	4.54	-0.90
+0.10	-22.59	-14.18	-4.04	3.18	-0.72
+0.05	-11.58	-7.89	-2.19	1.68	-0.36
0.00	0.00	0.00	0.00	0.00	0.00
-0.05	-15.05	9.95	2.58	-2.00	0.45
-0.10	-29.09	22.66	5.46	-4.27	0.90
-0.15	-41.85	38.73	8.58	-6.90	1.54
-0.20	-52.73	56.97	11.65	-10.04	2.26

Tabela 13.3 – Variação percentual de alguns parâmetros em função do valor de γ

13.4 – Perfilamento circunferencial – um estudo de caso

Assim como no caso anterior, os aspectos geométricos circunferenciais da superfície de deslizamento de um mancal radial podem afetar drasticamente seus parâmetros operacionais sob condições reais de operação. O mesmo programa mencionado anteriormente, foi usado pelo autor em diversos estudos para analisar o efeito da não circularidade da superfície de deslizamento de mancais hidrodinâmicos radiais nas suas características operacionais sob condições reais de operação. Estes estudos começaram a ser desenvolvidos no fim da década de 80, quando o autor trabalhava no setor industrial, na área de projeto de mancais hidrodinâmicos para motores de combustão interna. Detalhes de alguns resultados desta técnica de otimização podem ser vistos em [12, 16].

Um estudo mais recente, e bastante elucidativo, foi, posteriormente desenvolvido pelo autor em 2003 [19]. Neste estudo um mancal típico de um motor de combustão interna de pequeno porte foi submetido a um carregamento radial senoidal. Adotou-se uma geometria elíptica para o alojamento do mancal e sua excentricidade variou dentro de uma faixa relativamente grande.

A órbita do eixo do mancal assim como diversos outros parâmetros operacionais foram calculados para cada caso. Como será visto pelos resultados obtidos a não circularidade do alojamento pode ter uma forte influência na performance do mancal. Os dados usados para a simulação deste problema são apresentados na tabela 13.4.

Dado de Entrada	**Valor**
Velocidade angular do eixo	3000 rpm
Diâmetro do eixo	100.00 mm
Largura do mancal	30.00 mm
Folga radial de referência	50.00 microns
Viscosidade do fluido lubrificante	5.00 mPa s
Carga aplicada ao mancal	5000 sem(θ) N

Tabela 13.4 – Dados de entrada usados para a simulação do problema

O comprimento do eixo perpendicular R_y variou dentro do seguinte limite:

$$(R + 0.6R_C) \leq R_y \leq (R + 1.4R_C) \qquad (13.7)$$

Onde R é o raio do eixo e R_C é uma folga radial de referência. A figura 13.2 apresenta um esquema dessa configuração elíptica do alojamento. A distância do centro do mancal até a superfície de deslizamento (R^*) em função do ângulo θ é dado por:

$$R^* = \sqrt{\frac{R_y^2 \, R_C^2}{R_y^2 \, \sin^2(\theta) + R_C^2 \, \cos^2(\theta)}}$$

$$R^* = \sqrt{\frac{R_y^2 R_c^2}{R_y^2 \sin^2(\theta) + R_c^2 \cos^2(\theta)}}$$

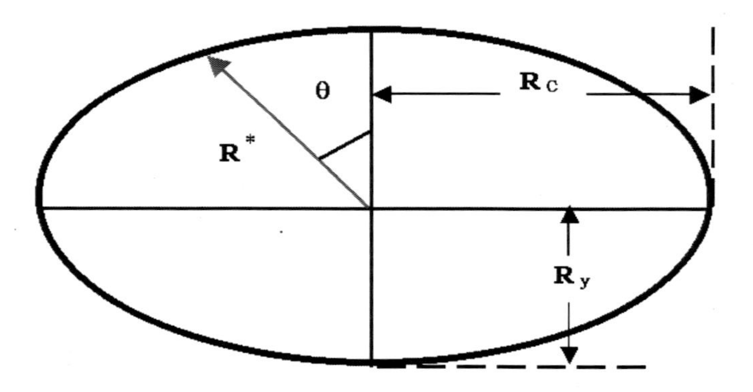

Figura 13.2 – Esquema da configuração elíptica do alojamento do mancal

A órbita do eixo do mancal para excentricidade zero é mostrada na figura 13.3.

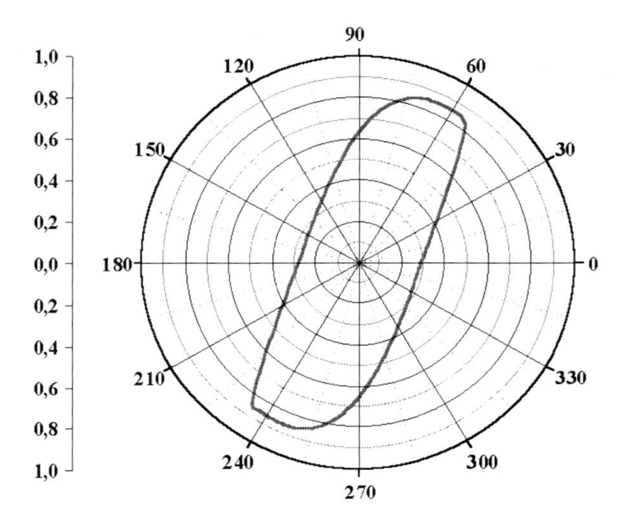

Figura 13.3 – Órbita do eixo do mancal

Os resultados de alguns parâmetros operacionais em função do tamanho relativo do eixo vertical são apresentados na tabela 13.5.

R_y / R_c	h_{min} (mícron)	p_{max} (atm)	$\dot{W}_f$ (W)	$\dot{V}_{oil}$ (l / m)
0.60	0.873	696.9	7.685	9.698
0.70	0.854	759.9	7.682	10.91
0.80	0.832	788.4	7.681	12.39
0.90	0.853	720.4	7.679	14.04
1.00	0.853	768.8	7.678	15.84
1.10	0.894	696.9	7.677	17.75
1.20	0.914	638.8	7.676	19.74

1.30	0.962	543.4	7.675	21.82
1.40	1.043	453.9	7.675	23.97

Tabela 13.5 – Valor de alguns parâmetros operacionais em função do tamanho relativo do eixo vertical

R_y/R_c	Δh_{min}	Δp_{max}	$\Delta\dot{W}$	$\Delta\dot{V}_{óleo}$
0.60	2.34	-9.35	0.09	-38.78
0.70	0.12	-1.16	0.05	-31.12
0.80	-2.46	2.55	0.04	-21.78
0.90	0.00	-6.30	0.01	-11.36
1.00	0.00	0.00	0.00	0.00
1.10	4.81	-9.35	-0.01	12.06
1.20	7.15	-16.91	-0.03	24.62
1.30	12.78	-29.32	-0.04	37.75
1.40	22.27	-40.96	-0.04	51.33

Tabela 13.6 – Variação percentual do valor de alguns parâmetros Operacionais em função do tamanho relativo do eixo vertical

Como pode ser visto pelos resultados anteriores, a geometria do alojamento do mancal tem uma forte influência no valor dos parâmetros operacionais de um mancal hidrodinâmico radial, ou na sua performance. Pela tabela 13.5 pode ser visto que um aumento de 40% no eixo vertical da elipse com relação à folga radial de referência, causou um aumento na espessura do filme de óleo que foi de 0.853 microns para 1.043 microns (um aumento relativo de 22.27%), a pressão máxima de filme de óleo diminui de 768.8 atm para 453.9 atm (uma redução de 40.96%) e a vazão de óleo aumentou de 15.84 l/m para 23.97 l/m (um aumento de 51,33%). A potência de acionamento, por sua vez, praticamente não variou (diminuiu apenas 0.04%). O valor exato da variação percentual relativa de cada um dos parâmetros acima em função do tamanho relativo do eixo vertical é apresentado na tabela 13.6.

A partir dos números expostos anteriormente, obtidos através deste simples exemplo, pode-se verificar que o formato geométrico do alojamento de um mancal hidrodinâmico radial pode ter uma forte influência nos parâmetros operacionais do mesmo sob condições reais de operação. Como mencionado anteriormente, existem as técnicas convencionais que são geralmente usadas para a otimização de parâmetros operacionais de mancais hidrodinâmicos radiais. Porém esta técnica, a de modificar os parâmetros operacionais através da modificação da geometria do alojamento do mesmo pode ser de vital importância em situações onde as técnicas convencionais não podem ser aplicadas na sua totalidade, e/ou não são totalmente satisfatórias para a otimização das características operacionais de mancais hidrodinâmicos radiais.

Apêndice A - Listagem de um Programa Computacional para a Simulação de Mancais Radiais com Carregamento Estático

```
************************************************************************
************************** MANCAL_RADIAL *******************************
************************************************************************
**                                                                    **
************************************************************************
************* ESTE PROGRAMA RESOLVE A EQUACAO DE  REYNOLDS *************
************* BIDIMENSIONAL EM COORDENADAS CARTESIANS COM **************
************** COM CARGA ESTATICA E SIMULA COMPORTAMENTO ***************
**************** DE MANCAIS HIDRODINAMICOS RADIAIS SOB *****************
********************* CONDICOES REAIS DE OPERACAO **********************
************************************************************************
**                                                                    **
************************************************************************
***************   DESENVOLVIDO POR:                     ***************
***************   PROF. DR. DURVAL DUARTE JUNIOR        ***************
***************   PROF. COLABORADOR - POS GRADUACAO     ***************
***************   DEPARTAMENTO DE ENGENHARIA MECANICA   ***************
***************   ESCOLA DE ENGENHARIA DE SAO CARLOS    ***************
***************   UNIVERSIDADE DE SAO PAULO             ***************
***************   SAO CARLOS, SP, BRASIL                ***************
***************   TEL:(0-XX-14) 3621 2112               ***************
***************   DDUARTES@GLOBO.COM                    ***************
***************   JAHU, DEZEMBRO/2004                   ***************
************************************************************************
**                                                                    **
************************************************************************
**********************   DADOS DE ENTRADA  *****************************
************************************************************************
******   01 - CARGA APLICADA (N)                                  ******
******   02 - ROTACAO DO EIXO (RPM)                               ******
```

```
******   03 - RAIO DO MANCAL (MM)                                      ******
******   04 - LARGURA DO MANCAL (MM)                                   ******
******   05 - FOLGA RADIAL (MICRON)                                    ******
******   06 - RUGOSIDADE DA SUPERFICIE DE DESL. (RA - MICRON)          ******
******   07 - TEMPERATURA DE ENTRADA DO OLEO (CELSIUS)                 ******
******   08 - TIPO DO OLEO LUBRIFICANTE                                ******
******   09 - NOME DO ARQUIVO PARA ARMAZENAR DADOS DE ENTRADA          ******
******   10 - PROJECT ID                                               ******
*****************************************************************************
**                                                                         **
*****************************************************************************
******************  PARAMETROS CALCULADOS  **********************************
*****************************************************************************
******   01 - DISTANCIA ENTRE SUPERFICIES [MICRON]                     ******
******   02 - FORCA DE SUSTENTACAO HIDRODINAMICA [N]                   ******
******   03 - POTENCIA DE ACIONAMENTO DO MANCAL [W]                    ******
******   04 - TEMPERATURA DE SAIDA DO OLEO [C]                         ******
******   05 - VAZAO DO FLUIDO LUBRIFICANTE [L/MIN]                     ******
******   06 - VISCOSIDADE MEDIA DO OLEO [MPA-S]                        ******
******   07 - PRESSAO MAXIMA DO FILME DE OLEO [ATM]                    ******
******   08 - ESPESSURA MINIMA DO FILME DE OLEO [MICRON]               ******
******   09 - COEFICIENTE DE ATRITO [-]                                ******
******   10 - CAMPO DE PRESSAO HIDRODINAMICA [PA]                      ******
******   11 - CALOR GERADO POR ATRITO [W]                              ******
******   12 - FORCA DE SUSTENTACAO [N]                                 ******
*****************************************************************************
******************  DEFINICAO DAS VARIAVEIS  ********************************
*****************************************************************************
******  AL,BL,CL. COEFICIENTES DA FUNCAO DE VOGEL PARA CALCULO DA ******
******            VISCOSIDADE DO OLEO LUBRIFICANTE                     ******
******  VISCO.... VISCOSIDADE DO FLUIDO LUBRIFICANTE [MPA S]           ******
******  RO....... DENSIDADE DO OLEO LUBRIFICANTE [KG/M**3]             ******
******  CP....... CALOR ESPECIFICO DO OLEO [J/(KG C)]                  ******
******  DELTA.... VALOR USADO PARA O CRITERIO DE CONVERGENCIA          ******
******  DX....... INCREMENTO CIRCUNFERENCIAL [M]                       ******
******  DZ....... INCREMENTO AXIAL [M]                                 ******
```

```
****** FEI..... FATOR MINIMO DE EXCENTRICIDADE [-]                    ******
****** FES..... FATOR MAXIMO DE EXCENTRICIDADE [-]                    ******
****** FH...... FORCA HIDRODINAMICA GERADA PELO MANCAL [N]            ******
****** FA...... CARGA (FORCA) APLICADA AO MANCAL [N]                  ******
*****  CA...... COEFICIENTE DE ATRITO [-]                             ******
****** H(*,*)... ESPESSURA DO FILME DE FLUIDO LUBRIFICANTE [M]        ******
****** HMIN..... ESPESSURA MINIMA DO FILME DE OLEO [M]                ******
****** IX...... NUMERO DE SUBDIVISOES NO EIXO DA CIRCUNFERENCI        ******
****** IZ...... NUMERO DE SUBDIVISOES NO SENTIDO AXIAL [-]            ******
****** KMAXP.... NUMERO MAXIMO DE ITERACOES NO METODO ITERATIVO       ******
******           PARA CONVERGENCIA DO CAMPO DSE PRESSAO [-]           ******
****** KMAXV.... NUMERO MAXIMO DE ITERACOES NO METODO ITERATIVO       ******
******           PARA CALCULO DA VISCOSIDADE DO OLEO [-]              ******
****** PATM..... PRESSAO ATMOSFERICA [PA]                             ******
****** P(*,*,*). VETOR PRESSAO HIDRODINAMICA [PA]                     ******
****** PI...... VALOR DE PI [-]                                       ******
****** PMAX..... PRESSAO MAXIMA DO FILME DE OLEO [PA]                 ******
****** POTA..... POTENCIA DE ACIONAMENTO DO MANCAL AXIAL [W]           ******
****** RA...... RUGOSIDADE DA SUPERFICIE DE DESLIZAMENTO              ******
******           DO MANCAL - RA [M]                                   ******
****** BETA..... COEFICIENTE DE RELAXACAO USADO EM SOR [-]            ******
****** RPS...... VELOCIDADE ANGULAR DO EIXO [RPS]                     ******
****** EPSOLON.. "SMALL NUMBER" [-]                                   ******
****** TIN ..... TEMPERATURA DE ENTRADA DO OLEO [CELSIUS]             ******
****** TOUT .... TEMPERATURA DE SAIDA DO OLEO [CELSIUS]               ******
****** VAZAO ... VAZAO DO FLUIDO LUBRIFICANTE [L/M]                   ******
***************************************************************************
**                                                                       **
***************************************************************************
************************** PRECISAO DUPLA *********************************
***************************************************************************
**                                                                       **
      IMPLICIT REAL*8(A-H,O-Z)
**                                                                       **
***************************************************************************
*********************** ALOCACAO DE MEMORIA  ******************************
```

```
***********************************************************************
**                                                                   **
      COMMON/BLOCO1/ P(100,100,2),H(100,100),DH(100,100),RAIO,RL,RPS,
     2        FR,RA,FA,FH,VISCO,FE,FES,FEI,PI,DELTA,PCAV,RO,CP,EPSOLON,
     3        BETA,TIN,TOUT,IX,IZ,DX,DZ,CA,HMIN,PATM,PMAX,
     4        POTA,VAZAO,AL,BL,CL,KMAXP,KMAXF,KMAXV,PHI
**                                                                   **
***********************************************************************
************* CHAMA SUB-ROTINA QUE CONTEM DADOS DE ENTRADA ************
***********************************************************************
**                                                                   **
      CALL DATA
**                                                                   **
***********************************************************************
********* O FATOR DE EXCENTRICIDADE DO MANCAL NECESSARIO PARA *********
********** EQUILIBRAR A CARGA IMPOSTA E CALCULADO ATRAVES DE **********
************ UM PROCESSO ITERATIVO PELO METODO DA BISSECAO ************
***********************************************************************
**                                                                   **
      RNMIF=0
      DO 16 ITERF=1,KMAXF
          RNMIF=RNMIF+1
          FEANT=FE
          RNMIV=0.0
          DO 36 LMI=1,KMAXV
              RNMIV=RNMIV+1
**                                                                   **
***********************************************************************
******** CALCULA O CAMPO DE PRESSAO HIDROIDINAMICA PELO METOD *********
******** METODO ITERATIVO DE SUCCESIVE OVER RELAXATION (SOR) **********
***********************************************************************
**                                                                   **
              RNMIP=0.0
              DO 102 K=1,KMAXP
                  RNMIP=RNMIP+1
                  CALL SOLVE
```

```
                CALL CONVERGE(IFLAG)
                IF(IFLAG.EQ.1.AND.K.GT.05) GOTO 122
102         CONTINUE
            WRITE(6,203)
203         FORMAT(28('*') ,' NAO CONVERGIU NA PRESSAO  ',25('*'))
122         CONTINUE
**                                                                      **
**************************************************************************
************* CALCULA A FORCA DE SUSTENTACAO DO MANCAL ***************
**************************************************************************
**                                                                      **
            CALL LOAD
            CALL FLOW
            CALL HEATH
**                                                                      **
**************************************************************************
********** CALCULA A VISCOSIDADE MEDIA DO FLUIDO LUBRIFICANTE **********
**************************************************************************
**                                                                      **
            CALL VISCOSIDADE(LMIFLAG)
            IF(LMIFLAG.EQ.1.AND.LMI.GT.2) GOTO 32
36      CONTINUE
        IF(LMI.GE.(KMAXV+1)) THEN
            WRITE(6,67)
67          FORMAT(19('*'),' NAO CONVERGIU NA VISCOSIDADE ',18('*'))
        ENDIF
32      CONTINUE
**                                                                      **
**************************************************************************
****************** IMPRESSAO DE RESULTADOS PARCIAIS ******************
**************************************************************************
**                                                                      **
        FATOR=(FA-FH)/ABS(FA)
        IDUMMY=0
        IF(ABS(FATOR).LT.DELTA.AND.ITERF.GE.5) THEN
            IDUMMY=1
```

```
         ENDIF
         CALL PRINT(MFLAG,ITERF,RNMIP,IDUMMY,RNMIV)
**                                                                      **
**************************************************************************
***** CALCULA NOVO FATOR DE EXCENTRICIDADE PELO METODO DA BISSECAO *****
**************************************************************************
**                                                                      **
         IF(FATOR.LT.0) THEN
             FEI=FEI
             FES=FE
         ELSE
             FEI=FE
             FES=FES
         ENDIF
         FE=0.5*(FEI+FES)
**                                                                      **
**************************************************************************
****  VERIFICA SE FATOR DE EXCENTRICIDADE ESTA DENTRO DOS LIMITES  *****
**************************************************************************
**                                                                      **
**************************************************************************
***************** CALCULA O VALOR DO PARAMETRO LAMBDA *****************
*********** (5 X RUGOSIDADE DA SUPERFICIE DE DESLIZAMENTO) ************
**************************************************************************
**                                                                      **
             HC=5.0*RA
**                                                                      **
**************************************************************************
************ SE LAMBDA > 5  ==>  LUBRIFICACAO HIDRODINAMICA ***********
**************************************************************************
**                                                                      **
             IF(HMIN.GT.HC) THEN
                 WRITE(6,158)
                 WRITE(10,158)
158   FORMAT(5X,15('*'),' LUBRIFICACAO  HIDRODINAMICA ',16('*'),/)
                 GOTO 14
```

```
**                                                                          **
****************************************************************************
*************** DE LAMBDA < 5 ==> ESPESSURA MUITO BAIXA ***************
****************************************************************************
**                                                                          **
              ELSE
                  WRITE(6,152)
                  WRITE(10,152)
152     FORMAT(5X,14('*'),' ESPESSURA  MINIMA  MUITO  BAIXA ',13('*'),/)
*                                                                           **
****************************************************************************
**************** SE 1 < LAMBDA < 5 ==> LUBRIFICACAO MISTA *************
****************************************************************************
**                                                                          **
                  IF(HMIN.GE.RA) THEN
                      WRITE(6,154)
154                   FORMAT(5X,20('*'),' LUBRIFICACAO  MISTA ',
    1                 19('*'),/)
                  ELSE
**                                                                          **
****************************************************************************
************* SE  LAMBDA < 1  ==>  LUBRIFICACAO MARGINAL **************
****************************************************************************
**                                                                          **
                      WRITE(6,156)
                      WRITE(10,156)
156                   FORMAT(5X,18('*'),' LUBRIFICACAO  MARGINAL ',
    1                 18('*'),/)
                  ENDIF
              ENDIF
**                                                                          **
****************************************************************************
**                                                                          **
14         CONTINUE
**                                                                          **
****************************************************************************
```

```
*************  VERIFICA SE HOUVE CONVERGENCIA DAS CARGAS  **************
************************************************************************
**                                                                    **
          IF (IDUMMY.EQ.1) GOTO 12
**                                                                    **
************************************************************************
**                                                                    **
16    CONTINUE
12    CONTINUE
**                                                                    **
************************************************************************
**                                                                    **
      END
**                                                                    **
************************************************************************
********************************************** FIM DO PROGRAMA PRINCIPAL
************************************************************************
**                                                                    **
      SUBROUTINE DATA
**                                                                    **
************************************************************************
**************  ESTA SUB-ROTINA LE OS DADOS DE ENTRADA  ****************
************************************************************************
**                                                                    **
************************************************************************
**************************** PRECISAO DUPLA ****************************
************************************************************************
**                                                                    **
      IMPLICIT REAL*8(A-H,O-Z)
**                                                                    **
************************************************************************
************************  ALOCACO DE MEMORIA  ***************************
************************************************************************
**                                                                    **
      COMMON/BLOCO1/ P(100,100,2),H(100,100),DH(100,100),RAIO,RL,RPS,
     2       FR,RA,FA,FH,VISCO,FE,FES,FEI,PI,DELTA,PCAV,RO,CP,EPSOLON,
```

```
     3       BETA,TIN,TOUT,IX,IZ,DX,DZ,CA,HMIN,PATM,PMAX,
     4       POTA,VAZAO,AL,BL,CL,KMAXP,KMAXF,KMAXV,PHI
      COMMON/BLOCO2/TIPOLEO
      CHARACTER*80 TIPOLEO
**                                                                    **
************************************************************************
**                                                                    **
      PATM=1.01325E+05
      A =1.0
      PI=4.0*DATAN(A)
2     CONTINUE
**                                                                    **
************************************************************************
****** 01 - CARGA APLICADA (N) *****************************************
************************************************************************
**                                                                    **
      WRITE(6,*) ' CARGA APLICADA (N)'
      READ(5,*) FA
**                                                                    **
************************************************************************
****** 02 - ROTACAO DO EIXO (RPM) **************************************
************************************************************************
**                                                                    **
      WRITE(6,*) ' ROTACAO DO EIXO (RPM)'
      READ(5,*) RPS
      RPS=RPS/60.0
**                                                                    **
************************************************************************
****** 03 - RAIO DO MANCAL (MM) ****************************************
************************************************************************
**                                                                    **
      WRITE(6,*) ' RAIO DO MANCAL (MM)'
      READ(5,*) RAIO
      RAIO=1.0E-03*RAIO
**                                                                    **
************************************************************************
```

```
****** 04 - LARGURA DO MANCAL (MM) ************************************
**********************************************************************
**                                                                  **
      WRITE(6,*) ' LARGURA DO MANCAL (MM)'
      READ(5,*) RL
      RL=1.0E-03*RL
**                                                                  **
**********************************************************************
****** 05 - FOLGA RADIAL (MICRON) *************************************
**********************************************************************
**                                                                  **
      WRITE(6,*) ' FOLGA RADIAL (MICRON)'
      READ(5,*) FR
      FR=1.0E-06*FR
**                                                                  **
**********************************************************************
****** 06 - RUGOSIDADE DA SUPERFICIE DE DESLIZAMENTO - (RA - M) *******
**********************************************************************
**                                                                  **
      WRITE(6,*) ' RUGOSIDADE DA SUPERFICIE DE DESL. (RA-MICRON)'
      READ(5,*) RA
      RA=1.0E-06*RA
**                                                                  **
**********************************************************************
****** 07 - TEMPERATURA DE ENTRADA DO OLEO (CELSIUS) *****************
**********************************************************************
**                                                                  **
      WRITE(6,*) ' TEMPERATURA DE ENTRADA DO OLEO (CELSIUS)'
      READ(5,*) TIN
**                                                                  **
**********************************************************************
****** 08 - TIPO DO OLEO LUBRIFICANTE *******************************
**********************************************************************
**                                                                  **
      WRITE(6,642)
642   FORMAT(20X,' DIGITE ........',//,
```

```
     1       20X,' 1  PARA  OLEO  10W/10',/,
     2       20X,' 2  PARA  OLEO  10W/20',/,
     3       20X,' 3  PARA  OLEO  10W/30',/,
     4       20X,' 4  PARA  OLEO  10W/40',/,
     5       20X,' 5  PARA  OLEO  10W/50',/,
     6       20X,' 6  PARA  OLEO  20W/20',/,
     7       20X,' 7  PARA  OLEO  20W/30',/,
     8       20X,' 8  PARA  OLEO  20W/40',/,
     9       20X,' 9  PARA  OLEO  20W/50',/,
     1       20X,' 10 PARA  OLEO  SAE 30',/)
      READ(5,*) KOLEO
**                                                                    **
************************************************************************
*********************** TIPO DO OLEO ESCOLHIDO ***********************
************************************************************************
**                                                                    **
      GOTO(121,122,123,124,125,126,127,128,129,130),KOLEO
**                                                                    **
************************************************************************
**************************** OLEO 10W/10 ****************************
************************************************************************
**                                                                    **
121   CONTINUE
          AL=0.083356E-03
          BL=820.723
          CL=93.625
          TIPOLEO='10 W / 10      '
      GOTO 11
**                                                                    **
************************************************************************
**************************** OLEO 10W/20 ****************************
************************************************************************
**                                                                    **
122   CONTINUE
          AL=0.1014E-03
          BL=773.810
```

```
          CL=93.153
          TIPOLEO='10 W / 20       '
      GOTO 11
**                                                                    **
************************************************************************
**************************** OLEO 10W/30 *******************************
************************************************************************
**                                                                    **
123   CONTINUE
          AL=0.19814E-03
          BL=737.690
          CL=89.9
          TIPOLEO='10 W / 30       '
      GOTO 11
**                                                                    **
************************************************************************
**************************** OLEO 10W/40 *******************************
************************************************************************
**                                                                    **
124   CONTINUE
          AL=0.114E-03
          BL=1033.39
          CL=120.8
          TIPOLEO='10 W / 40       '
      GOTO 11
**                                                                    **
************************************************************************
**************************** OLEO 10W/50 *******************************
************************************************************************
**                                                                    **
125   CONTINUE
          AL=0.09335E-03
          BL=1034.170
          CL=155.22
          TIPOLEO='10 W / 50        '
      GOTO 11
```

```
**                                                                    **
************************************************************************
**************************** OLEO 20W/20 *****************************
************************************************************************
**                                                                    **
126   CONTINUE
         AL=0.1324E-03
         BL=737.810
         CL=77.7
         TIPOLEO='20 W / 20         '
      GOTO 11
**                                                                    **
************************************************************************
**************************** OLEO 20W/30 *****************************
************************************************************************
**                                                                    **
127   CONTINUE
         AL=0.1413E-03
         BL=811.962
         CL=93.458
         TIPOLEO='20 W / 30         '
      GOTO 11
**                                                                    **
************************************************************************
**************************** OLEO 20W/40 *****************************
************************************************************************
**                                                                    **
128   CONTINUE
         AL=0.1637E-03
         BL=793.329
         CL=83.931
         TIPOLEO='20 W / 40         '
      GOTO 11
**                                                                    **
************************************************************************
**************************** OLEO 20W/50 *****************************
```

```
************************************************************************
**                                                                    **
129   CONTINUE
          AL=0.09297E-03
          BL=1146.25
          CL=124.7
          TIPOLEO='20 W / 50        '
      GOTO 11
**                                                                    **
************************************************************************
**************************** OLEO SAE 30 *******************************
************************************************************************
**                                                                    **
130   CONTINUE
          AL=0.1501E-03
          BL=720.015
          CL=71.123
          TIPOLEO='S A E  30        '
      GOTO 11
**                                                                    **
************************************************************************
**                                                                    **
11    CONTINUE
**                                                                    **
************************************************************************
****************** CONFIRMACAO DOS DADOS DE ENTRADA ********************
************************************************************************
**                                                                    **
      RMIL=1.0E+03
      RMILH=1.0E+06
      WRITE(6,100) FA,RPS*60.0,RAIO*RMIL,RMIL*RL,RMILH*RA,
     3  TIN,TIPOLEO
100   FORMAT(10(/),25X,'OS DADOS LIDOS FORAM ...',//,
     15X,'FORCA APLICADA AO MANCAL (N).......................:',E12.5,/,
     35X,'VELOCIDADE ANGULAR DO EIXO (RPM)...................:',E12.5,/,
     15X,'RAIO DO MANCAL (MM)................................:',E12.5,/,
```

```
     15X,'LARGURA DO MANCAL (MM)...........................:',E12.5,/,
     65X,'RUGOSIDADE DA SUPERFICIE (RA - MICRON)...........:',E12.5,/,
     65X,'TEMPERATURA DE ENTRADA DO OLEO (CELSIUS).........:',E12.5,/,
     85X,'TIPO DO OLEO LUBRIFICANTE.....................: ',A26,/,
     95X,'************ DIGITE ...',//,
     15X,'                    0 PARA REENTRAR OS DADOS        ',/,
     25X,'                    1 PARA CONTINUAR                ',/,
     35X,'                    2 PARA ENCERRAR O PROCESSAMENTO',///)
      READ(5,*) IDUMMY
      IF(IDUMMY.EQ.0) GOTO 2
      IF(IDUMMY.EQ.2) STOP
**                                                                    **
************************************************************************
*************** DEFINICAO DE VARIAVEIS DO PROGRAMA *********************
************************************************************************
**                                                                    **
      IX=50
      IZ=40
      VISCO=AL*DEXP(BL/(CL+TIN))
      RO=950.0
      CP=1800.0
      FEI=0.0
      FES=1.0
      FE=0.5
      BETA=1.85
      EPSOLON=1.0E-30
      KMAXV=50
      KMAXF=50
      KMAXP=1000
      DELTA=1.0E-08
      PCAV=0
      DX=2.0*PI*RAIO/DFLOAT(IX-1)
      DZ=RL/DFLOAT(IZ-1)
      DO 400 I=1,IX
          DO 410 J=1,IZ
              P(I,J,1)=0.0
```

```
            P(I,J,2)=0.0
410       CONTINUE
400    CONTINUE
**                                                                    **
************************************************************************
**                                                                    **
       RETURN
       END
**                                                                    **
************************************************************************
**                                                                    **
       SUBROUTINE VISCOSIDADE(LMIFLAG)
**                                                                    **
************************************************************************
**** ESTA ROTINA CALCULA A VISCOSIDADE MEDIA DO FLUIDO LUBRIFICANTE ****
************************************************************************
**                                                                    **
************************************************************************
**************************** PRECISAO DUPLA ****************************
************************************************************************
**                                                                    **
       IMPLICIT REAL*8(A-H,O-Z)
**                                                                    **
************************************************************************
************************ ALOCACO DE MEMORIA  **************************
************************************************************************
**                                                                    **
       COMMON/BLOCO1/ P(100,100,2),H(100,100),DH(100,100),RAIO,RL,RPS,
     2        FR,RA,FA,FH,VISCO,FE,FES,FEI,PI,DELTA,PCAV,RO,CP,EPSOLON,
     3        BETA,TIN,TOUT,IX,IZ,DX,DZ,CA,HMIN,PATM,PMAX,
     4        POTA,VAZAO,AL,BL,CL,KMAXP,KMAXF,KMAXV,PHI
**                                                                    **
************************************************************************
**                                                                    **
       LMIFLAG=0
       VISCOANT=VISCO
```

```
**                                                                       **
***************************************************************************
************* CALCULO DO INCREMENTO DA VISCOSIDADE DEVIDO ************
*************** AO CALOR DISSIPADO PELO ATRITO VISCOSO ***************
***************************************************************************
**                                                                       **
      ALFA=0.8
      PAT=ALFA*POTA
      DTEMP=ALFA*PAT/(VAZAO*RO*CP+EPSOLON)
      TOUT=TIN+DTEMP
      TMEDIA=0.5*(TIN+TOUT)
**                                                                       **
***************************************************************************
************** CALCULO DA VISCOSIDADE DO OLEO LUBRIFICANTE *************
***************************************************************************
**                                                                       **
      VISCO=AL*DEXP(BL/(CL+TMEDIA))
      DVISCO=VISCO-VISCOANT
**                                                                       **
***************************************************************************
*********** NOVO VALOR DA VISCOSIDADE CALCULADO ATRAVES DE *************
********* UM PROCESSO ITERATIVO COM UM FATOR DE SUBRELAXACAO **********
***************************************************************************
**                                                                       **
      GAMMA=3.5E-01
      VISCO=VISCOANT+GAMMA*DVISCO
      DVISCOR=DABS(DVISCO/VISCO)
      IF(DVISCOR.LT.DELTA) LMIFLAG=1
**                                                                       **
***************************************************************************
**                                                                       **
      RETURN
      END
**                                                                       **
***************************************************************************
**                                                                       **
```

```
      SUBROUTINE SOLVE
**                                                                    **
************************************************************************
********** ESTA SUB-ROTINA RESOLVE A EQUACAO DE REYNOLDS POR ***********
********** DIFERENCAS FINITAS. O SISTEMA LINEAR RESULTANTE E ***********
**************** RESOLVIDO PELO METODO ITERATIVO DE SOR ****************
**                                                                    **
************************************************************************
************************   PRECISAO DUPLA   ****************************
************************************************************************
**                                                                    **
      IMPLICIT REAL*8(A-H,O-Z)
**                                                                    **
************************************************************************
*************************  ALOCACAO DE MEMORIA  ************************
************************************************************************
**                                                                    **
      COMMON/BLOCO1/ P(100,100,2),H(100,100),DH(100,100),RAIO,RL,RPS,
     2       FR,RA,FA,FH,VISCO,FE,FES,FEI,PI,DELTA,PCAV,RO,CP,EPSOLON,
     3       BETA,TIN,TOUT,IX,IZ,DX,DZ,CA,HMIN,PATM,PMAX,
     4       POTA,VAZAO,AL,BL,CL,KMAXP,KMAXF,KMAXV,PHI
**                                                                    **
************************************************************************
**************** TRANSFORMA AS PRESSOES K+1 EM K ***********************
************************************************************************
**                                                                    **
      DO 5 I=1,IX
          TETA=2*PI*DFLOAT(I-1)/DFLOAT(IX-1)
          DO 5 J=1,IZ
              H(I,J)=FR*(1+FE*DCOS(TETA))+DH(I,J)
              P(I,J,1)=P(I,J,2)
5     CONTINUE
      X=0
      DO 10 I=2,(IX-1)
**                                                                    **
************************************************************************
```

```
*********************** CALCULA O VALOR DE X ************************
*********************************************************************
**                                                                 **
          X=X+DX
          TETA=X/RAIO
          DXM=2*DX
          DO 20 J=2,(IZ-1)
              DHDX=(H(I+1,J)-H(I-1,J))/DXM
              HE3=(0.5*(H(I,J)+H(I-1,J)))**3
              HD3=(0.5*(H(I,J)+H(I+1,J)))**3
              HS3=(0.5*(H(I,J)+H(I,J+1)))**3
              HI3=(0.5*(H(I,J)+H(I,J-1)))**3
              DZM=2*DZ
**                                                                 **
*********************************************************************
************************ DEFINE COEFICIENTES ************************
*********************************************************************
**                                                                 **
              CC=-(12.0*VISCO)*(RAIO*DHDX*PI*RPS)
              DENOMX=0.5*DX*DX*DXM
              DENOMZ=0.5*DZ*DZ*DZM
              DENOM=(HD3*DX+HE3*DX)/DENOMX+
     1              (HS3*DZ+HI3*DZ)/DENOMZ
              CE=HE3*DX/DENOMX
              CD=HD3*DX/DENOMX
              CI=HI3*DZ/DENOMZ
              CS=HS3*DZ/DENOMZ
**                                                                 **
*********************************************************************
************************ APLICA METODO SOR **************************
*********************************************************************
**                                                                 **
              P(I,J,2)=(CE*P(I-1,J,2)+CD*P(I+1,J,2)
     1                 +CI*P(I,J-1,2)+CS*P(I,J+1,2)+CC)/DENOM
**                                                                 **
*********************************************************************
```

```
*********************** APLICA FATOR DE RELAXACAO **********************
************************************************************************
**                                                                    **
              P(I,J,2)=P(I,J,1)+BETA*(P(I,J,2)-P(I,J,1))
**                                                                    **
************************************************************************
**************** CONDICAO DE CONTORNO DE REYNOLDS **********************
************************************************************************
**                                                                    **
              IF(P(I,J,2).LT.PCAV) P(I,J,2)=PCAV
20          CONTINUE
10      CONTINUE
**                                                                    **
************************************************************************
********************************************** FIM DA SUBROUTINE SOLUCAO
************************************************************************
**                                                                    **
      RETURN
      END
**                                                                    **
************************************************************************
**                                                                    **
      SUBROUTINE CONVERGE(IFLAG)
**                                                                    **
************************************************************************
********** ESTA SUBROUTINE VERIFICA A CONVERGENCIA DO METODO ***********
************* ITERATIVO DE SOLUCAO DO SISTEMA LINEAR (SOR) *************
************************************************************************
**                                                                    **
************************************************************************
************************  PRECISAO DUPLA  ******************************
************************************************************************
**                                                                    **
      IMPLICIT REAL*8(A-H,O-Z)
**                                                                    **
************************************************************************
```

```
************************ ALOCACAO DE MEMORIA **********************
*******************************************************************
**                                                               **
      COMMON/BLOCO1/ P(100,100,2),H(100,100),DH(100,100),RAIO,RL,RPS,
     2       FR,RA,FA,FH,VISCO,FE,FES,FEI,PI,DELTA,PCAV,RO,CP,EPSOLON,
     3       BETA,TIN,TOUT,IX,IZ,DX,DZ,CA,HMIN,PATM,PMAX,
     4       POTA,VAZAO,AL,BL,CL,KMAXP,KMAXF,KMAXV,PHI
**                                                               **
*******************************************************************
********************** VERIFICA O MAIOR RESIDUO *******************
*******************************************************************
**                                                               **
      IFLAG=1
      SOMA=0.0
      DO 10 I=1,IX
          DO 10 J=1,IZ
              SOMA1=ABS((P(I,J,2)-P(I,J,1))/(ABS(P(I,J,2))+EPSOLON))
              IF(SOMA1.GT.SOMA) SOMA=SOMA1
10    CONTINUE
      IF(SOMA.GT.DELTA) IFLAG=0
**                                                               **
*******************************************************************
******************************************** FIM DA SUBROUTINE CONVERGE
*******************************************************************
**                                                               **
      RETURN
      END
**                                                               **
*******************************************************************
**                                                               **
      SUBROUTINE LOAD
**                                                               **
*******************************************************************
************ ESTA SUBROUTINE CALCULA A FORCA HIDRODINAMICA ************
*******************************************************************
**                                                               **
```

```
************************************************************************
*************************   PRECISAO DUPLA   ***************************
************************************************************************
**                                                                    **
      IMPLICIT REAL*8(A-H,O-Z)
**                                                                    **
************************************************************************
************************   ALOCACAO DE MEMORIA   ***********************
************************************************************************
**                                                                    **
      COMMON/BLOCO1/ P(100,100,2),H(100,100),DH(100,100),RAIO,RL,RPS,
     2       FR,RA,FA,FH,VISCO,FE,FES,FEI,PI,DELTA,PCAV,RO,CP,EPSOLON,
     3       BETA,TIN,TOUT,IX,IZ,DX,DZ,CA,HMIN,PATM,PMAX,
     4       POTA,VAZAO,AL,BL,CL,KMAXP,KMAXF,KMAXV,PHI
**                                                                    **
************************************************************************
**                                                                    **
      FHT=O
      FHR=0
      DO 10 I=2,(IX-1)
          TETA=2*PI*DFLOAT(I-1)/DFLOAT(IX-1)
          DO 20 J=2,(IZ-1)
              FHR=FHR-P(I,J,2)*DCOS(TETA)*DX*DZ
              FHT=FHT+P(I,J,2)*DSIN(TETA)*DX*DZ
20        CONTINUE
10    CONTINUE
*                                                                     **
************************************************************************
*                                                                     **
      FH=DSQRT(FHT**2+FHR**2)
      PHI=DATAN(FHT/FHR)
      RETURN
      END
*                                                                     **
************************************************************************
************************************** FIM DA SUB-ROTINA FORCAH ****
```

```
*************************************************************************
*                                                                      **
      SUBROUTINE FLOW
**                                                                     **
*************************************************************************
**                                                                     **
*************************************************************************
*************************** PRECISAO DUPLA ******************************
*************************************************************************
**                                                                     **
      IMPLICIT REAL*8(A-H,O-Z)
**                                                                     **
*************************************************************************
*********************** ALOCACO DE MEMORIA  *****************************
*************************************************************************
**                                                                     **
      COMMON/BLOCO1/ P(100,100,2),H(100,100),DH(100,100),RAIO,RL,RPS,
     2       FR,RA,FA,FH,VISCO,FE,FES,FEI,PI,DELTA,PCAV,RO,CP,EPSOLON,
     3       BETA,TIN,TOUT,IX,IZ,DX,DZ,CA,HMIN,PATM,PMAX,
     4       POTA,VAZAO,AL,BL,CL,KMAXP,KMAXF,KMAXV,PHI
**                                                                     **
*************************************************************************
********* ESTA ROTINA CALCULA A QUANTIDADE VOLUMETRICA DE OLEO *********
******** (L/MIN.) QUE ESCOA PELO AXIALMENTE PARA FORA DO MANCAL ********
************** DEVIDO AO CAMPO DE PRESSAO HIDRODINAMICO ***************
*************************************************************************
**                                                                     **
*************************************************************************
************************ LOOP CIRCUNFERENCIAL ***************************
*************************************************************************
**                                                                     **
      VAZAO=0
      VT=(2.0*PI*RPS)*RAIO
      DO 10 I=1,(IX-1)
          DUMMY=1/(12*VISCO)
          DPDZE=(H(I, 1)**3)*DABS((P(I,2 ,2)-P(I,    1,2)))/DZ
```

```
          DPDZD=(H(I,IZ)**3)*DABS((P(I,IZ,2)-P(I,IZ-1,2)))/DZ
**                                                                    **
************************************************************************
********** ESCOAMENTO DE FLUIDO QUE SAI PARA FORA DO MANCAL ***********
************************** AO GRADIENTE DE PRESSAO *********************
************************************************************************
**                                                                    **
          VAZAO=VAZAO+DUMMY*(DPDZE+DPDZD)*DX
**                                                                    **
************************************************************************
**                                                                    **
10    CONTINUE
**                                                                    **
************************************************************************
**                                                                    **
      RETURN
      END
**                                                                    **
************************************************************************
**                                                                    **
      SUBROUTINE HEATH
**                                                                    **
************************************************************************
**                                                                    **
************************************************************************
**************************** PRECISAO DUPLA ****************************
************************************************************************
**                                                                    **
      IMPLICIT REAL*8(A-H,O-Z)
**                                                                    **
************************************************************************
************************ ALOCACO DE MEMORIA  ***************************
************************************************************************
**                                                                    **
      COMMON/BLOCO1/ P(100,100,2),H(100,100),DH(100,100),RAIO,RL,RPS,
     2       FR,RA,FA,FH,VISCO,FE,FES,FEI,PI,DELTA,PCAV,RO,CP,EPSOLON,
```

```
     3        BETA,TIN,TOUT,IX,IZ,DX,DZ,CA,HMIN,PATM,PMAX,
     4        POTA,VAZAO,AL,BL,CL,KMAXP,KMAXF,KMAXV,PHI
**                                                                    **
************************************************************************
**********   ESTA SUB-ROTINA CALCULA ............:              **********
**********   CALOR GERADO POR ATRITO VISCOSO NO MANCAL [W]      **********
**********   COEFICIENTE DE ATRITO [-]                          **********
**********   ESPESSURA MINIMA DO FLUIDO LUBRIFICANTE [MICRON]   **********
**********   PRESSAO MAXIMA DO FLUIDO LUBRIFICANTE [ATM]        **********
************************************************************************
**                                                                    **
************************************************************************
*******************   DEFINE A ESPESSURA DE FILME   *********************
************************************************************************
**                                                                    **
      DO 8 I=1,(IX-1)
          TETA=2*PI*(DFLOAT(I-1)/DFLOAT(IX-1))
          DO 9 J=1,IZ
              P(I,J,1)=P(I,J,2)
              H(I,J)=FR*(1.0+FE*DCOS(TETA))+DH(I,J)
9         CONTINUE
8     CONTINUE
**                                                                    **
************************************************************************
*****************   CALCULO DA POTENCIA DE ACIONAMENTO   ****************
************************************************************************
**                                                                    **
      FATRITO=0.0
      VT=(2.0*PI*RPS)*RAIO
      DO 10 I=2,(IX-1)
          DO 20 J=1,IZ
           V2=(H(I,J)/2)*DABS((P(I+1,J,2)-P(I-1,J,2)) )/(2*DX)
              DF=(V2+(VISCO*VT/H(I,J)))*DX*DZ
              FATRITO=FATRITO+DF
20        CONTINUE
10    CONTINUE
```

```
**                                                                    **
************************************************************************
****** CALCULO DA POTENCIA DE ACIONAMENTO E COEFICIENTE DE ATRITO ******
************************************************************************
**                                                                    **
      POTA=FATRITO*VT
      CA=FATRITO/(FH+EPSOLON)
**                                                                    **
************************************************************************
********** CALCULO DA ESPESSURA MINIMA DO FILME LUBRIFICANTE ***********
************************************************************************
**                                                                    **
      HMIN=1.0E+06
      DO 50 I=1,IX
          DO 60 J=1,IZ
              IF(H(I,J).LT.HMIN) HMIN=H(I,J)
60        CONTINUE
50    CONTINUE
**                                                                    **
************************************************************************
*********** CALCULO DA PRESSAO MAXIMA DO FILME LUBRIFICANTE ************
************************************************************************
*                                                                     **
      PMAX=0.0
      DO 80 I=1,IX
          DO 90 J=1,IZ
              IF(P(I,J,2).GT.PMAX) PMAX=P(I,J,2)
90        CONTINUE
80    CONTINUE
**                                                                    **
************************************************************************
**                                                                    **
      RETURN
      END
**                                                                    **
************************************************************************
```

```
**                                                                    **
      SUBROUTINE PRINT(MFLAG,ITERF,RNMIP,IDUMMY,RNMIV)
**                                                                    **
************************************************************************
**                                                                    **
************************************************************************
************************** PRECISAO DUPLA ******************************
************************************************************************
**                                                                    **
      IMPLICIT REAL*8(A-H,O-Z)
**                                                                    **
************************************************************************
*********************** ALOCACO DE MEMORIA  ****************************
************************************************************************
**                                                                    **
      COMMON/BLOCO1/ P(100,100,2),H(100,100),DH(100,100),RAIO,RL,RPS,
     2        FR,RA,FA,FH,VISCO,FE,FES,FEI,PI,DELTA,PCAV,RO,CP,EPSOLON,
     3        BETA,TIN,TOUT,IX,IZ,DX,DZ,CA,HMIN,PATM,PMAX,
     4        POTA,VAZAO,AL,BL,CL,KMAXP,KMAXF,KMAXV,PHI
**                                                                    **
************************************************************************
***********  ESTA ROTINA IMPRIME OS RESULTADOS DESEJADOS  *************
************************************************************************
**                                                                    **
      E3=1.0E+03
      E6=1.0E+06
      CV=60000
      TM=0.5*(TIN+TOUT)
**                                                                    **
************************************************************************
**                                                                    **
      IF(IDUMMY.EQ.0) THEN
**                                                                    **
************************************************************************
***************** IMPRESSAO PARCIAL DOS RESULTADOS *******************
```

```
*************************************************************************
**                                                                     **
          WRITE(6,20)
20        FORMAT(10(/),5X,20('*'),' RESULTADOS PARCIAIS ',19('*'),/)
**                                                                     **
*************************************************************************
******************** IMPRESSAO FINAL DOS RESULTADOS ******************
*************************************************************************
      ELSE
          WRITE(6,30)
30        FORMAT(4(/),5X,21('*'),'  RESULTADO FINAL ',20('*'),/)
**                                                                     **
*************************************************************************
**                                                                     **
      ENDIF
**                                                                     **
*************************************************************************
**                                                                     **
      WRITE(6,11)ITERF,RNMIV,RNMIP,FE,FA,FH,CA,POTA,CV*VAZAO,TIN,TOUT,
     1            TM,E3*VISCO,(180*PHI/PI),PMAX/PATM,E6*HMIN
**                                                                     **
*************************************************************************
**                                                                     **
11        FORMAT(
     15X,'NUMERO DE ITERACOES - EQUILIBRIO DE FORCA.......:',I7,/,
     15X,'NUMERO MEDIO DE ITERACOES - VISCOSIDADE.........:',E11.4,/,
     15X,'NUMERO MEDIO DE ITERACOES - PRESSAO.............:',E11.4,//,
     15X,'FATOR DE EXCENTRICIDADE [-].....................:',E11.4,/,
     15X,'FORCA APLICADA [N]..............................:',E11.4,/,
     15X,'FORCA HIDRODINAMICA [N].........................:',E11.4,/,
     15X,'COEFICIENTE DE ATRITO [-].......................:',E11.4,/,
     15X,'POTENCIA DE ACIONAMENTO [W].....................:',E11.4,/,
     15X,'VAZAO DO FLUIDO LUBRIFICANTE [L/M]..............:',E11.4,/,
     15X,'TEMPERATURA DE ENTRADA DO OLEO [CELSIUS]........:',E11.4,/,
     15X,'TEMPERATURA DE SAIDA DO OLEO [CELSIUS]..........:',E11.4,/,
     15X,'TEMPERATURA MEDIA DO OLEO [CELSIUS].............:',E11.4,/,
```

```
     15X,'VISCOSIDADE DO FLUIDO LUBRIFICANTE [MPA S]......:',E11.4,/,
     15X,'ANGULO DE CARGA [GRAUS]........................:',E11.4,/,
     15X,'PRESSAO MAXIMA DO FILME DE OLEO [ATM]...........:',E11.4,/
     15X,'ESPESSURA MINIMA DO FILME DE OLEO [MICRON]......:',E11.4,/)
**                                                                    **
************************************************************************
**                                                                    **
      RETURN
      END
**                                                                    **
************************************************************************
************************** FIM  DO  PROGRAMA ***************************
************************************************************************
```

Apêndice B - Fórmula para Cálculo da Viscosidade para Alguns Tipos de Óleos Lubrificantes

Nos capítulos anteriores foi explicado em detalhe a interdependência entre a temperatura média do fluido lubrificante, sua viscosidade e as conseqüências nas características operacionais de um mancal. Neste apêndice é apresentada uma formula que calcula a viscosidade de alguns óleos lubrificantes em função de sua temperatura.

A viscosidade de óleos lubrificantes é função predominantemente de sua temperatura, variando muito pouco com a pressão. Existem muitas fórmulas matemáticas que aproximam a viscosidade de fluidos em função de sua temperatura. Neste trabalho, a viscosidade do óleo lubrificante é calculada através da equação de Vogel [37], apresentada à seguir:

$$\mu\,(T) = A\,\exp\left(\frac{B}{T+C}\right)$$

Onde:

A = Viscosidade de referência (Pa s)

B = Temperatura de referência (°C)

C = Temperatura de aparente solidificação (°C)

T = Temperatura do óleo lubrificante (°C)

Os valores de A, B e C são obtidos experimentalmente. A seguir estão tabelados os valores destes coeficientes para alguns tipos de óleo lubrificante.

- **Óleo 10w/10**

  A=0,08335e-03

  B=820,723

  C=93,625

- **Óleo 10w/20**

  A=0,0001014

  B=773,810

  C=93,153

- **Óleo 10w/30**

  A=0,0001981

  B=737,690

  C=89,9

- **Óleo 10w/40**

  A=0,0001142

  B=1033,39

  C=120,8

- **<u>Óleo 10w/50</u>**

  A=0,00009335

  B=1304,170

  C=155,22

- **<u>Óleo 20w/20</u>**

  A=0,0001324

  B=737,810

  C=77,7

- **<u>Óleo 20w/30</u>**

  A=0,0001413

  B=811,962

  C=93,458

- **<u>Óleo 20w/40</u>**

  A=0,0001637

  B=793,329

  C=83,931

- **<u>Óleo 20w/50</u>**

  A=0,0000929

  B=1146,25

  C=124,7

- **<u>Óleo SAE 30</u>**

  A=0,000150

  B=720,015

  C=71,123

Referências Bibliográficas

01. Amendola, M.; Moura, C. A. de; Zago, J. V.; Pulino, P; Gomes-Neto, F. A. M. **"A parallel algorithm for the variational inequality associated to the free boundary problem of the cavitation in hydrodynamic lubrication of journal bearings"**, Proc. of the IV International Congress on Computational Mechanics (B.Aires, Jul.1998), Centro Internacional de Métodos Numéricos en Ingenieria, Barcelona, 1997.

02. Arfken, G. **"Mathematical methods for physicists"**, Academic Press, New York, 1970, páginas 72 a 120.

03. Bird, R. B.; Stewart, W. E.; Lightfoot, E. N. **"Transport phenomena"**, John Wiley & Sons, Inc., New York, 1960, páginas 71 a 88.

04. Carnahan, M.; Luther, H. A.; Wilkes J. O. **"Applied numerical methods"**, John Wiley and Sons, New York, 1969.

05. Contantinescu, V. C. et All "**Sliding bearings**", Allerton Press, Inc., New York, 1975.

06. Cullen, J. A.; Duarte Jr, D.; Zottin, W. **"Stress analysis of a piston pin boss including the effect of hydrodynamic oil film"**, SAE, International congress and exposition, Detroit, USA, 1989.

07. Currie, I. G. "**Fundamental mechanics of fluids**", McGraw-Hill Book Company, Toronto, 1974, (páginas 6 a 35),

08. Dowson, D.; Taylor, C. M.; Godet, M.; Berthe, D. **"Tribology of reciprocating engines"**, Proceedings of the 9th Leeds-Lyon symposium on tribology, University of Leeds, England, 1982.

09. Duarte Jr, D.; Zottin, W.; Praça, M. S. **"A simplified mathematical approach for cavitation prediction in hydrodynamic journal bearings"**, SAE, International congress and exposition, Detroit, USA, 1993.

10. Duarte Jr., D. "**Análise tensorial**", Apostila do seminário sobre modelagem matemática e simulação na engenharia, Metal Leve S. A., São Paulo, agosto de 1987.

11. Duarte Jr., D. "**Fundamentos de modelagem matemática e simulação na engenharia**", Apostila do curso de pós-graduação SEM738, departamento de engenharia mecânica, Gráfica da EESC-USP, São Carlos, SP, 2004.

12. Duarte Jr, D.; Tu, C. C.; Zottin, W. **"Sliding surface profiling for fatigue prevetion in big end com-rod bearings**", SAE, International congress and exposition, Detroit, USA, 1989.

13. Duarte Jr., D. "**Introdução à mecânica dos meios contínuos**", Apostila do curso de pós-graduação SEM739, departamento de engenharia mecânica, Gráfica da EESC-USP, São Carlos, SP, 2004.

14. Duarte Jr., D. "**Mancais de deslizamento**", Apostila do curso de pós-graduação PMC791, departamento de engenharia mecânica, Escola Politécnica da Universidade de São Paulo (POLI), São Paulo, agosto de 1988.

15. Duarte Jr., D. "**Modelagem matemática e simulação em mancais hidrodinâmicos**", tese de doutoramento, departamento de engenharia mecânica, Escola Politécnica da Universidade de São Paulo (POLI), São Paulo, julho de 1988.

16. Duarte Jr, D.; Kaufamnn, M.; Praça, M. S.; Urbani Filho, O.; Zottin, W. **"Sliding surface profiling of plain journal bearing"**, SAE, International congress and exposition, Detroit, USA, 1991.

17. Duarte Jr., D. "**Solução numérica de equações de derivadas parciais**", Apostila do curso de pós-graduação SEM738, departamento de engenharia mecânica, Gráfica da EESC-USP, São Carlos, SP, 2004.

18. Duarte Jr., D. "**Solução numérica de sistemas lineares**", Apostila do curso de pós-graduação SEM740, departamento de engenharia mecânica, Gráfica da EESC-USP, São Carlos, SP, 2004.

19. Duarte Jr, D., Moura, C. A. de **"Non circular hydrodynamic journal bearings - the effect of housing non circularity on a hydrodynamic journal bearing performance"**, Congresso internacional de matemática aplicada e computacional (CIMAC II), Lima, Peru, agosto de 2003.

20. Faddeev, D. K.; Faddeeva, V. N. **"Computational methods of linear algebra"**, W. H. Freeman and Company, San Francisco, 1963.

21. Goenka, P. K.; Paranjpe, R. S. **"A review of engine bearing analysis methods at General Motors"**, SAE, International Congress and Exposition, Detroit, USA, 1992.

22. Gross, W. A. et All "**Fluid film lubrication**", John Wiley & Sons, New York, 1980.

23. Hubner, K. H.; Thounton, E. H. "**The finite element method for** e**ngineers**", John Wiley & Sons, New York, 1982.

24. Humes, A. F. P. et All **"Noções de cálculo numérico"**, McGraw-Hill, São Paulo, 1984.

25. Mitchel, A. R.;Grifffths, D. F. "**The finite difference method in** p**artial** differential equations", John Wiley & Sons, New York, 1980.

26. Moura, C. A. de; Amendola, M. **"A parallel algorithm for the numerical solution of a cavitation model in lubrication",** in: Chadan, J. M. and Rasmussen, H. (eds.), Free Boundary Problems in Fluid Flow with Applications (Proc. 5th International Colloquium on Free Boundary Problems: Theory and Applications, Montréal, Canada, Jul. 1990), Pittman Research Notes in Mathematics 282, pp.21-23, Pittmann, London, 1993.

27. Moura, C. A. de; Amendola, M. "N**umerical simulation of the cavitation in the hydrodynamic lubrication of journal bearings: a parallel algorithm**", J. Braz Soc. Mech. Sciences, Vol. XXIII, n. 3, 335-345, 2001.

28. Neale, M. J "**Tribology handbook**", John Wiley & Sons, New York, 1995.

29. Noble, B. **"Applied linear álgebra"**, Prentice Hall, New York, 1975.

30. Pinkus, O. "**The Reynolds centenial: A brief history of the theory of hydrodynamic lubrication**", ASME/ASLE Joint lubrication conference, Pittsburgh, Pensilvania, USA, 1986.

31. Pinkus, O.; Sternlicht B "**Theory of hydrodynamic lubrication**", McGraw-Hill, New York, 1965.

32. Richtmeyer, R. D.; Morton, K. W. **"Difference methods for initial value problems"**, Interscience Publishers, New York, 1967.

33. Roache, P. J. **"Computational fluid dynamics"**, Hermosa publishers, Albuquerque, N. M., 1976.

34. Sommerfeld, A "**Mechanics of deformable bodies**", Lecture Notes on theoretical physics (Volume II), Academic Press, New York, 1967, páginas 253 a 262.

35. Streeter, V. L.; Wylie, B. E. "**Fluid mechanics**", McGraw-Hill Book Company, New York, 1975.

36. Varga, R. S., **"Matrix iterative analysis"**, Prentice Hall, Englewood Cliffs, 1962, páginas 75 a 80.

37. Zottin, W., "**Simulação numérica de anéis de um pistão utilizado em motores de combustão interna**", tese de mestrado, Escola Politécnica da Universidade de São Paulo (POLI), São Paulo, 1992.

Impressão e acabamento
Gráfica da Editora Ciência Moderna Ltda.
Tel: (21) 2201-6662